아이앤아이 영재교육원 대비

꾸러미 120제

과학

초등 1~3

영재교육원 대비를 위한 ...

영재란, 재능이 뛰어난 사람으로서 타고난 잠재력을 개발하기 위해 특별한 교육이 필요한 사람이고, 영재교육이란, 영재를 발굴하여 타고난 잠재력을 개발할 수 있도록 도와주는 것이다.

영재교육에 관해 해가 갈수록 관심이 커지고 있지만, 자녀를 영재교육원에 보내는 방법을 정확하게 알려주는 교재는 많지 않다. 또한, 영재교육원에서도 정확한 기준 없이 문제를 내기 때문에 영재교육원을 충분하게 대비하기는 쉽지 않다. 영재교육원 선발 시험 문제의 30% ~ 50% 가 실생활에서의 경험을 근거로 한 문제로 구성된다. 그런데 어디서 쉽게 볼 수 있는 문제는 아니므로 기출문제를 공부할 필요가 있다. 기출문제 풀이가 시험 대비의 정답은 아니지만, 유사한 문제들을 많이 접해보면서 새로운 문제를 보았을 때, 당황하지 않고, 문제의 실마리를 찾아서 응용하는 연습을 하는 것이다. 창의력 문제들을 해결하기 위해서는 본 교재를 통한 충분한 연습이 필요할 것이다.

'영재교육원 대비 꾸러미 120제 수학, 과학' 은 '영재교육원 대비 수학·과학 종합대비서 꾸러미' 에 이어서 학년별 풍부한 문제를 수록하고 있다. 영재교육원 영재성 검사(수학/과학 분리), 새롭고 신유형의 창의적 문제 해결력 평가, 심층 면접 평가 등으로 구성되어 있어 충분한 창의적 문제 해결 연습이 가능하다. 또한, 실제 생활에서 나타날 수 있는 다양한 현상과 이론을 실전 문제와 연계해 여러 방향으로 해결할 수 있어 영재교육원 모든 선발 단계를 대비할 수 있도록 하였다.
혼자서 해결할 수 없는 문제는 해설을 통하여 생각의 부족한 부분을 채우고, 다른 방법을 유추하여 해결할 수 있도록 도와준다.

'영재교육원 수학·과학 종합대비서 꾸러미' 와 '꾸러미 120제' , ' 꾸러미 48제 모의고사' 를 통해 영재교육원을 대비하는 아이들과 부모님에게 새로운 희망과 열정이 솟는 시작점이 되길 바라며, 내재한 잠재력이 분출되길 기대해 본다.

무한상상

영재교육원에서 영재학교까지

01. 영재교육원 대비

영재교육원 대비 교재는 '영재교육원 대비 수학·과학 종합서 꾸러미', 꾸러미 120제 수학 과학, 꾸러미 48제 모의고사 수학 과학, 학년별 초등 아이앤아이(3·4·5·6학년), 중등 아이앤아이(물·화·생·지)(상,하) 등이 있다. 각자 자기가 속한 학년의 교재로 준비하면 된다.

초등영재

[초등대상 영재교육원 지원자]

- 꾸러미 1·2·3학년 + 꾸러미 120제 초등1~3, 꾸러미 48제 모의고사 + 아이앤아이 초3, 과학도서
- 꾸러미 4·5학년 + 꾸러미 120제 초등4~5, 꾸러미 48제 모의고사 + 아이앤아이 초4,5, 과학도서
- 꾸러미 6학년 + 꾸러미 120제 초6~중등, 꾸러미 48제 모의고사 + 아이앤아이 초6, 과학도서

중등영재

[중등대상 영재교육원 지원자]

- 꾸러미 중등 + 꾸러미120제 초6~중등, 꾸러미 48제 모의고사 초6~중등 + 과목별 중등 아이앤아이, 과학도서

02. 영재학교/과학고/특목고 대비

영재학교/과학고/특목고 대비 교재는 세페이드 1F(물·화), 2F (물·화·생·지), 3F (물·화·생·지), 4F (물·화·생·지), 5F(마무리), 중등 아이앤아이(물·화·생·지) 등이 있다.

	세페이드 1F	세페이드 2F	세페이드 3F	세페이드 4F	세페이드 5F		
현재 5·6학년	주 1~2회 6~9개월 과정	주 2회 9개월 과정	주 3회 8~10개월 과정	주 3회 6개월 과정	주 4회 2~3개월 과정	+ 중등 아이앤아이 (물·화·생·지)	총 소요시간 31~36개월
현재 중 1학년		주 3회 6개월 과정	주 3회 8개월 과정	주 3회 6개월 과정	주 3~4회 3개월 과정	+ 중등 아이앤아이 (물·화·생·지)	총 소요시간 약 24개월
현재 중 2학년		3개월 과정	4개월 과정	4개월 과정	2개월 과정	+ 중등 아이앤아이 (물·화·생·지)	총 소요시간 약 13개월

영재교육원은 어떤 곳인가요?

영재학급

초·중·고 각급 학교에서 대상자들을 선발하여 1개 학급 정도로 운영하는 영재반이다. 특별활동, 재량활동, 방과후, 주말 또는 방학을 이용한 형태로 운영되고 있으며, 각 학교 내에서 독자적으로 운영하거나 인근의 여러 학교가 공동으로 참여하여 운영하는 형태도 있다.

영재교육원

영재교육원은 크게 각 지역 교육청(교육지원청)에서 운영하는 경우와 대학 부설로 운영하는 경우가 있으며, 그 외에 과학고 부설로 운영하는 경우, 과학 전시관에서 운영하는 경우, 기타 단체 소속인 경우도 있다. 주로 방과후, 주말 또는 방학을 이용한 형태로 운영하고 있다.

<table>
<tr><th rowspan="2">영재 교육 기관 구분</th><th colspan="2">선발 방법</th><th rowspan="2">선발 시기</th></tr>
<tr><th>방법</th><th>GED 적용</th></tr>
<tr><td>교육지원청 영재교육원</td><td rowspan="6">교사관찰·추천</td><td rowspan="3">GED 적용</td><td rowspan="3">9월 ~ 12월</td></tr>
<tr><td>과학전시관 영재교육원</td></tr>
<tr><td>단위 학교 영재 교육원(예술 분야 제외)</td></tr>
<tr><td>단위 학교 영재 학급(예술 분야)</td><td rowspan="3">GED 미적용</td><td rowspan="2">3월 ~ 4월</td></tr>
<tr><td>단위 학교 영재 학급</td></tr>
<tr><td>대학부설 및 유관기관 영재교육원</td><td>9월 ~ 이듬해 5월</td></tr>
</table>

	영재교육원		영재학급	계
	교육청	대학부설		
기관수	252	85	2,114	2,451
영재교육을 받고 있는 학생 수	33,640	10,272	58,472	102,384
영재교육을 받고 있는 학생 비율	30.8%	9.4%	53.5%	93.7%

▲ 영재교육 기관 현황

영재교육 대상자 선발

영재 선발 방법은 어느 수준의 영재를 교육 대상으로 설정하느냐가 모두 다르기 때문에 영재 교육 기관(영재학교, 영재학급, 영재교육원)에 따라 선발 방법이 조금씩 다르다. 교육청 영재교육원에서만 한국교육개발원에서 개발한 영재행동특성 체크리스트(영재성 검사)를 이용하고, 다른 기관에서는 영재성 검사 도구를 자체 개발하여 선발에 사용한다.

영재교육원의 선발은 어떻게 진행되나요?

GED(Gifted Education Database) 시스템

홈페이지 주소 : http://ged.kedi.re.kr

GED란 국가차원에서 영재의 선발·추천 및 영재 교육에 관련된 자료를 관리하기 위한 데이터 베이스이다. GED 사이트를 통해서 학생들은 영재교육 기관에 지원하고, 교사들은 학생을 추천하며, 영재교육기관에서는 이들을 선발한다.

GED를 활용한 선발 과정(표준선발안)

단계	세부 내용	담당	기관
지원	지원서 작성 : 학생이 GED 시스템에서 온라인 지원 ① GED 회원 가입 후 영재교육기관 선택 ② 지원서 작성 및 자기체크리스트 작성	학생/ 학부모	학생/ 학부모
추천	– 담임 교사가 GED 시스템에서 담당 학생의 체크리스트 작성 – 학교추천위원회에서 명단 확인 및 추천	담임/ 추천 위원회	소속 학교
창의적 문제 해결력 평가	각 영재교육기관에서 진행하는 창의적 문제 해결력 평가 ① 대상 : GED를 통한 학교추천위원회 추천자 전원 ② 미술, 음악, 체육, 문예 분야는 실기 평가 포함	평가위원	영재교육기관
면접 평가	각 영재교육기관에서 진행하는 심층 면접 평가	평가위원	영재교육기관

★ 대학부설 영재교육원은 GED를 이용하여 학생을 선발하지 않고 별도의 선발 과정을 거친다.

GED 시스템 선발 흐름도

학생
- 온라인 지원서 작성(GED)
- 창의인성 체크리스트 작성 (GED)
- 지원서 출력 후 담임께 제출

→

교원
- 담임반 학생 지원서 취합 (GED)
- GED 명단 확인
- 영재행동특성 체크 리스트 작성 (GED)
- 학생 추천 (GED)

→

학교추천위원
- 학교 추천자 명단 확인 (GED)
- 담임 교사의 체크 리스트 확인 (GED)
- 학생 추천 여부 심의 및 추천 (GED)

→

영재교육기관
- 학생 추천 자료 검토 (GED)
- 창의적 문제 해결력 평가 실시
- 심층 면접 평가 실시
- 자료를 종합하여 최종 선발

영재교육원의 선발은 어떻게 진행되나요?

선발 방식의 이해

1단계는 교사 추천, 2단계는 영재성 검사에 의한 선별, 3단계에서는 창의적 문제 해결력 평가(영역별 학문적성검사) 실시, 최종 단계에서는 심층 면접을 통해서 선발하고 있다.

단계	특징
관찰 추천	교사용 영재행동특성 체크리스트, 각종 산출물, 학부모 및 자기소개서, 교사 추천서등을 활용하여 평가하는 단계
창의적 문제 해결력 평가	창의성, 언어, 수리, 공간 지각에 대한 지적 능력을 평가하는 단계로 정규 교육 과정상의 내용에 기반을 두면서 사고 능력과 창의성을 측정하는 것을 기본 방향으로 한다.
심층 면접	이전 단계에서 수집된 정보로 확인된 학생의 특성을 재검증하고, 심층적으로 파악하는 단계로 예술 분야는 실기를 하거나 수학이나 과학에 대한 실험 평가를 할 수도 있다.

각 소재 지역별 영재교육원 선발 과정

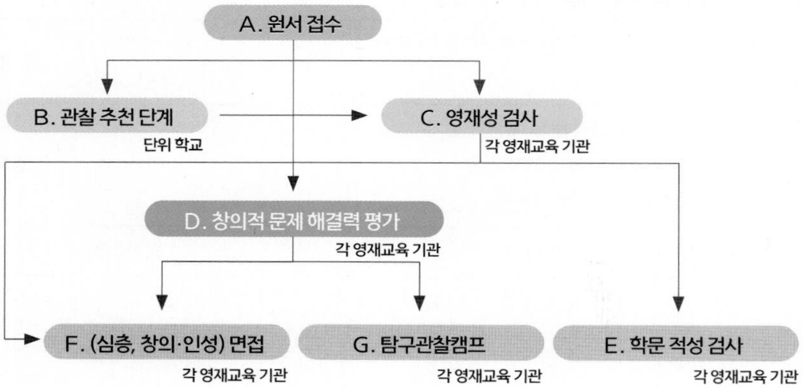

소재 지역	선발 과정
서울, 경기	A→B→D→F
충남	A→B→C
전남	A→D→F
목포	A→D→G
경남	A→C→D→F
경북	A→B→C→D→F
세종, 부산	A→B→C
강원도, 광주, 전북, 충북	A→C→F

심층 면접 과정의 예

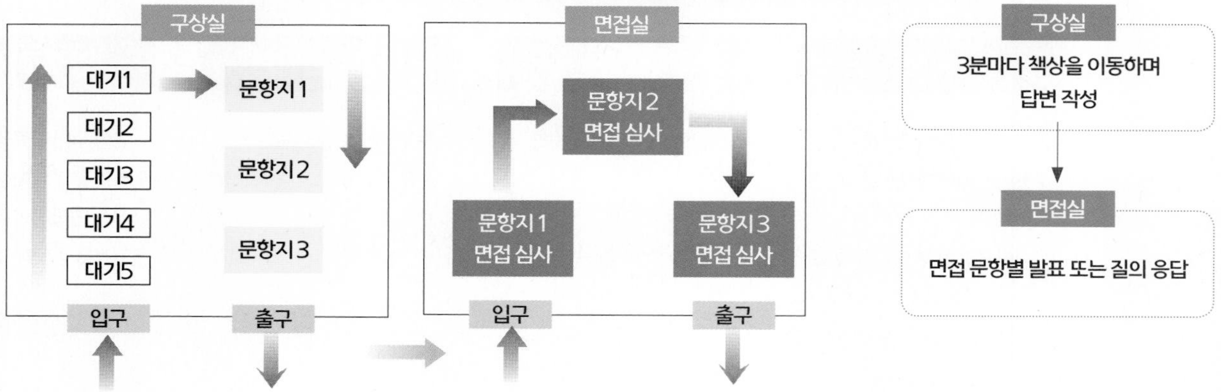

★ 각 지역별로 선발 과정이 다르므로 반드시 해당 영재교육원 모집 공고를 확인해야 한다.

★ 동일 교육청 소속 영재 교육원은 중복 지원할 수 없으며, 대학부설 영재교육원 합격자는 교육청 소속의 영재교육원에 중복 지원할 수 없다.

각 선발 단계를 **준비하는 방법**

교사 추천

교사는 평소 학교생활이나 수업시간에 학생의 심리적인 특성과 행동을 관찰하여 학생의 영재성을 진단하고 평가한다. 특히, 창의성, 호기심, 리더십, 자기주도성, 의사소통 능력, 과제집착력 등을 평가한다. 따라서 교사 추천을 받기 위한 기본적인 내신 관리를 해야 하며 수업태도, 학업성취도가 우수하여야 한다. 교과 내용의 전체 내용을 이해하고 문제를 통해 개념을 정리한다. 이때 개념을 오래 고민하고, 깊이 있게 이해하여 스스로 문제를 해결하는 능력을 키운다.
수업시간에는 주도적이고, 능동적으로 수업에 참여하고, 과제는 정해진 방법 외에도 여러 가지 다양하고 새로운 방법을 생각하여 수행한다. 수업 외에도 흥미를 느끼는 주제나 탐구를 직접 연구해 보고, 그 결과물을 작성해 놓는다.

영재성 검사

잠재된 영재성에 대한 검사로, 영재성을 이루는 요소인 창의성과 언어, 수리, 공간 지각 등에 대한 보통 이상의 지적 능력을 측정하는 문항들을 검사지에 포함시켜 학생들의 능력을 측정한다. 평소 꾸준한 독서를 통해 기본 정보와 새로운 정보를 얻어 응용하는 연습으로 내공을 쌓고, 서술형 및 개방형 문제들을 많이 접해 보고 논리적으로 답안을 표현하는 연습을 한다. 꾸러미시리즈에는 기출문제와 다양한 영재성 검사에 적합한 문제를 담고 있으므로 풀어보면서 적응하는 연습을 할 수 있다.

창의적 문제 해결력(학문적성 검사)

잠재된 영재성에 대한 검사로, 영재성을 이루는 요소인 창의성과 언어, 수리, 공간 지각 등에 대한 보통 이상의 지적 능력을 측정하는 문항들을 검사지에 포함시켜 학생들의 능력을 측정한다. 평소 꾸준한 독서를 통해 기본 정보와 새로운 정보를 얻어 응용하는 연습으로 내공을 쌓고, 서술형 및 개방형 문제들을 많이 접해 보고 논리적으로 답안을 표현하는 연습을 한다. 꾸러미시리즈에는 기출문제와 다양한 영재성 검사에 적합한 문제를 담고 있으므로 풀어보면서 적응하는 연습을 할 수 있다.

심층 면접

심층 면접을 통해 영재 교육 대상자를 최종 선정한다. 심층 면접은 영재 행동특성 검사, 포트폴리오 평가, 수행평가, 창의인성검사 등에서 제공하지 못하는 학생들의 특성을 역동적으로 파악할 수 있는 방법이고, 기존에 수집된 정보로 확인된 학생의 특성을 재검증하고, 학생의 특성을 심층적으로 파악하는 과정이다. 이 단계에서 예술 분야는 실기를 실시할 수도 있으며, 수학이나 과학에 대한 실험을 평가하는 등 각 기관 및 시도교육청에 따라 형태가 달라질 수 있다.
면접에서는 평소 관심 있는 분야나 자기 소개서, 창의적 문제 해결력 문제의 해결 과정에 대해 질문할 가능성이 높다. 따라서 평소 자신의 생각을 논리적으로 표현하는 연습이 필요하다. 단답형으로 짧게 대답하기 보다는 자신의 주도성과 진정성이 드러나도록 자신있게 이야기하는 것이 중요하다. 자신이 좋아하는 분야에 대한 관심과 열정이 드러나도록 이야기하고, 평소 육하원칙에 따라 말하는 연습을 해 두면 많은 도움이 된다.

이 책의 구성과 특징

'영재교육원 대비 꾸러미120제' 는 영재교육원 선발 방식, 영재성 평가, 창의적 문제 해결력 평가, 학문적성 검사, 심층 면접의 각 단계를 풍부한 컨텐츠로 평가합니다. 자기주도적인 학습으로 각 단계를 경험해 보세요.

PART 1. 영재성 검사

영재성 검사 영역을 1. 일반 창의성 2. 언어/추리/논리 3. 수리논리 4. 공간/도형/퍼즐 5. 과학 창의성 으로 나누었습니다.
'꾸러미 120제 수학' 에서는 2. 언어/추리/논리, 3. 수리논리 4. 공간/도형/퍼즐 세가지 영역의 문제를 내고 있고,
'꾸러미 120제 과학' 에서는 1. 일반 창의성 2. 언어/추리/논리 5. 과학 창의성 세가지 영역의 문제를 내고 있습니다.

PART 2. 창의적 문제해결력 과학

각 선발시험의 기출문제를 기반으로 하고, 신유형 /창의 문제를 추가하여 단계별로 문제를 구성하였고 문제별로 상, 중, 하 난이도에 따라 점수 배분을 다르게 하고 스스로 평가할 수 있게 하여 단원 말미에 성취도를 확인할 수 있습니다.

PART 3. STEAM / 심층면접

과학(S), 기술(T), 공학(E), 예술(A), 수학(M)의 융합형 문제를 출제하여 복합적으로 사고할 수 있도록 하였고, 영재교육원의 면접방식에 따른 기출문제로 면접 유형을 익히고 서술 연습할 수 있도록 하였습니다.

CONTENTS
차례

Part 1

영재성 검사

Part 2

창의적 문제해결력 과학

Part 3

STEAM(융합) / 심층 면접

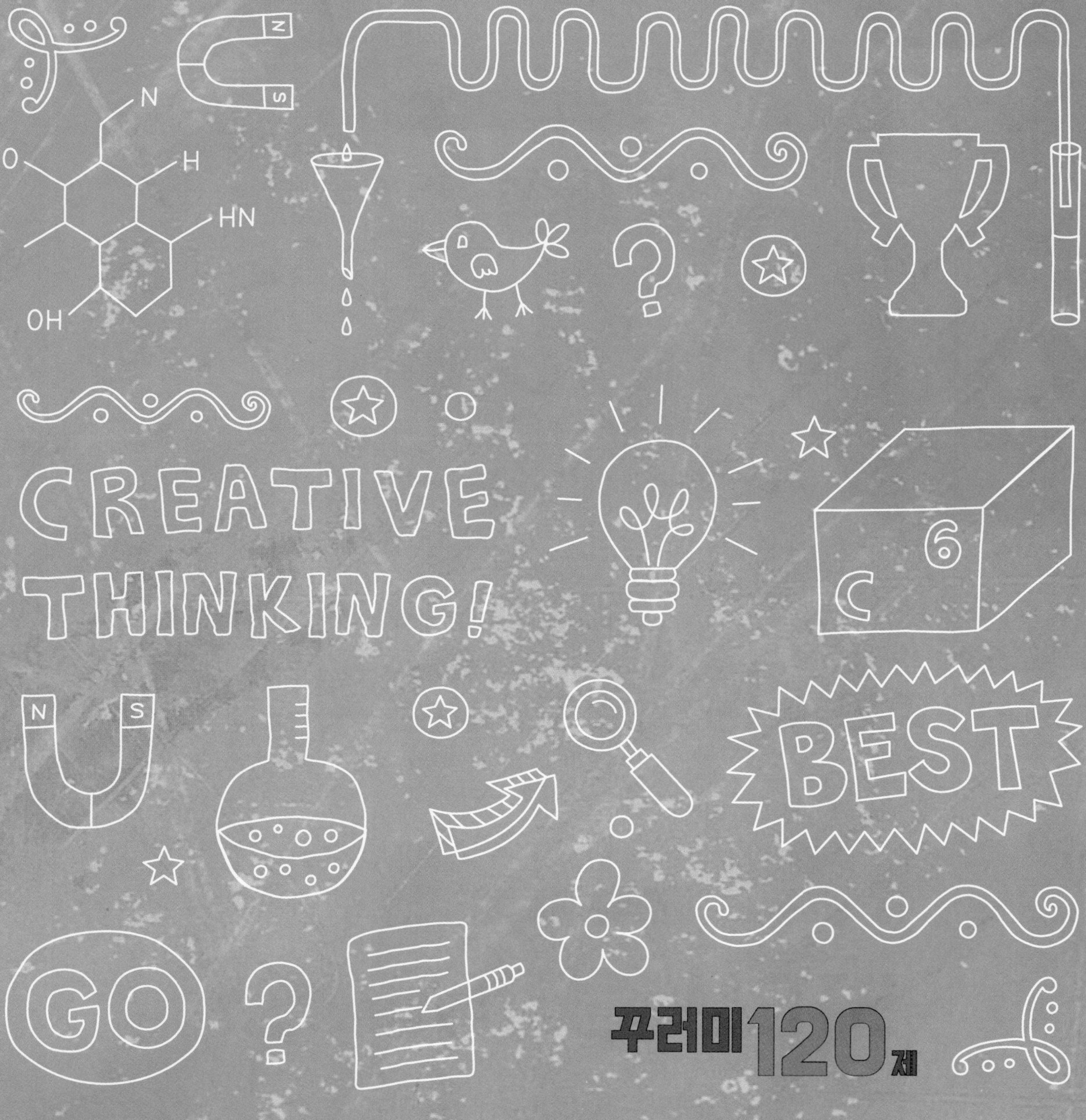
CREATIVE
THINKING!
BEST
GO
꾸러미120제

Part 1

영재성 검사

1 영재성 검사 일반 창의성

교육청 영재교육원 기출

01. 우리 주변에서 동그라미 모양을 3 가지 이상 찾고, 그것들의 장점을 써 보세요. [5 점]

- ☑ 유창성
- ☑ 융통성
- ☐ 독창성
- ☐ 정교성

교육청 영재교육원 기출

02. 무한이는 그림과 같이 어떤 물체(물질)가 들어 있는 불투명한 상자에 손을 넣어 물체를 만져 보고, 그 물체(물질)에 대해 서술하였습니다. 다음 서술 내용을 읽고, 상자 안에 든 것이 무엇일지 추리하여 써 보세요. (많이 쓸수록 점수가 높아집니다.) [4 점]

- ☑ 유창성
- ☑ 융통성
- ☐ 독창성
- ☐ 정교성

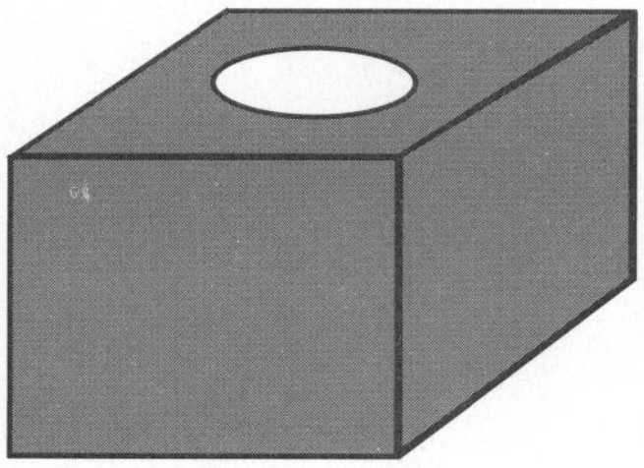

서술 내용

- 네모 모양이다. - 물렁물렁하다. - 촉촉한 느낌이다.

예시 답안 / 평가표 ··········> P. 2

- ☐ 유창성
- ☑ 융통성
- ☑ 독창성
- ☐ 정교성

03. 옛날부터 환자를 치료하거나 전쟁 당시에 정신적 스트레스가 심한 부상 군인을 치유하는 데 물이 흐르는 소리나 바람 소리 등 자연의 소리로 만든 음악을 이용해왔습니다. 음악은 사람의 반응과 밀접한 연관이 있어 치료, 기분 전환 등을 목적으로 특수 제작하여 다양하게 쓰이고 있습니다. 만약에 내가 특수한 목적이 있는 음악을 만든다면 그 음악에 넣고 싶은 소리를 쓰고, 왜 그 소리를 넣고 싶은지, 어떤 목적을 가진 음악인지 설명해 보세요. [5 점]

음악의 목적	
음악에서 들려줄 소리	
각각의 소리를 넣었을 때 사람(동물)에게 미치는 영향	

04. 우리 주변에는 각 물건의 쓰임새를 더하여 새로운 물건을 만들어낸 경우가 많습니다. <보기>에는 타고 노는 장난감 자동차와 쇼핑할 때 쓰는 카트를 더해 아이들과 편리하게 쇼핑할 수 있도록 만든 물건을 보여주고 있습니다. 이와 같이 쓰임새가 다른 두 개의 물건을 더하여 만들 수 있는 새로운 물건을 1 가지 이상 생각하여 이름을 붙이고, 쓰임새를 설명해 보세요. [6 점]

- ☐ 유창성
- ☐ 융통성
- ☑ 독창성
- ☑ 정교성

보기

▲ 타고 놀 수 있는 장난감 자동차 (물건 1)

+

▲ 쇼핑할 때 쓰는 카트 (물건 2)

=

▲ 아이들과 편리하게 쇼핑할 수 있도록 만든 새로운 물건

물건 1	물건 2	새로운 물건의 이름	쓰임새

예시 답안 / 평가표 ··········> P. 3

교육청 영재교육원 기출

05. 다음 그림과 설명을 보고, 상황이 자연스럽게 연결되도록 이야기를 쓰고 제목을 붙여 보세요.

[5 점]

- ☐ 유창성
- ☑ 융통성
- ☑ 독창성
- ☐ 정교성

[그림 1]

[그림 2]

<설명>

[그림 1] 개구리의 뒤를 뱀이 쫓아가고 있습니다.
[그림 2] 뱀의 뒤를 개구리가 쫓아가고 있습니다.

교육청 영재교육원 기출 유형

06. 다음 <보기> 와 같이 동그라미를 3 개 이상 사용하여 우리 주변의 모습을 4 가지 이상 그려보고, 각각 이름을 써 보세요. (단, 동그라미가 3 개 이상 사용되기만 하면 답으로 인정됩니다.) [5 점]

- ☑ 유창성
- ☐ 융통성
- ☐ 독창성
- ☑ 정교성

보기

애벌레

예시 답안 / 평가표 ·········> P.4

교육청 영재교육원 기출

07. 무한이는 수업 시간에 배운 사막과 극지방 중 자신이 여행 가고 싶은 지역을 하나 고르고, 그 지역을 여행할 때 필요한 물건을 적어 오라는 숙제를 받았습니다. 다음 <보기> 는 무한이가 기록한 숙제입니다. <보기> 와 같이 내가 사막과 극지방 중 하나를 골라 가고 싶은 이유와 여행할 때 필요한 물건들을 쓰고, 각각에 대해 필요한 이유를 적어 보세요. [5 점]

☑ 유창성
☑ 융통성
☐ 독창성
☐ 정교성

보기

가고 싶은 곳 : 남극

가고 싶은 이유 : 얼음 위를 걸어 다니는 펭귄을 직접 보고 싶다.

필요한 물건

① 성능 좋은 카메라, 이유 : 펭귄의 모습을 잘 찍어 오기 위해서

② 초콜릿과 사탕, 이유 : 배고플 때 먹기 위해서

③ 핫팩, 이유 : 추위에 견디기 위해서

가고 싶은 곳	
가고 싶은 이유	

필요한 물건	이유

대회 기출 유형

08. 열세 살과 아홉 살 형제가 외갓집을 가기 위해 차가 다니지 않는 시골의 길을 한 시간 동안 걸어가고 있었습니다. 닭, 개, 오리를 기르는 어떤 집 앞에서 동생이 주저앉으며 더 이상은 못 가겠다고 버티고 있습니다. 이런 상황에서 어떻게 하면 동생이 벌떡 일어나 형을 따라가게 할 수 있을까요? 내가 형이라면 어떻게 할지 방법을 써 보세요.[5 점]

□ 유창성
□ 융통성
☑ 독창성
☑ 정교성

예시 답안 / 평가표 ··········> P. 7

교육청 영재교육원 기출

09. 아래의 <조건> 을 참고하여 1 부터 10 까지의 수가 사용되는 예를 각각 한 가지씩 적어 보세요. [6 점]

- ☑ 유창성
- ☑ 융통성
- ☐ 독창성
- ☐ 정교성

조건

※ 모든 사람이 알고 있고, 인정할 수 있는 예를 적어야 한다.

※ 수가 사용되는 예시가 최대한 겹치지 않도록 한다.

(예시) 숫자 11 이 사용되는 예를 한 가지 쓰시오.

- 맞는 예 : 축구 경기 한 팀의 인원은 11 명이다.
- 틀린 예 : ① 2 + 9 = 11 (수의 계산 결과는 사용할 수 없다.)
  ② 내 친한 친구는 11 명이다.
  ③ 내 필통에는 11 자루의 연필이 있다.

수	수가 사용되는 예	수	수가 사용되는 예
1		6	
2		7	
3		8	
4		9	
5		10	

영재교육원 기출 유형

10. 씨 없는 수박은 수박을 먹을 때 씨를 골라 뱉는 불편함을 없애기 위해 만들어진 것입니다. 이처럼 먹기 불편하다고 생각하는 과일을 골라 성질이나 모양을 어떻게 바꾸면 좋을지 써 보세요. (많이 쓸수록 점수가 높아집니다.) [5 점]

- ☑ 유창성
- ☐ 융통성
- ☑ 독창성
- ☐ 정교성

11. 다음 무한이와 영재의 대화를 읽고, 영재의 마지막 말에 대한 무한이의 대답을 상황에 맞게 써 보세요. [5 점]

- ☐ 유창성
- ☑ 융통성
- ☑ 독창성
- ☐ 정교성

무한 : 영재야, 어제 TV 에서 63 빌딩의 창문 청소를 하던 청소부가 떨어져서 다쳤다는 내용을 봤어!

영재 : 진짜? 많이 다쳤겠다.

무한 : 아니야. 손목과 발목을 삔 정도래.

영재 : 정말 다행이다! 근데 어떻게 63 빌딩에서 떨어졌는데 그럴 수가 있어?

무한 : ______________________________

예시 답안 / 평가표 ·········> P. 8

교육청 영재교육원 기출

12. 다음 이야기를 읽고 물음에 답해 보세요.

□ 유창성
☑ 융통성
☑ 독창성
□ 정교성

토끼는 가을에 수확한 사과를 이용하여 사과 주스 1 병을 만들었습니다. 그래서 토끼는 여우와 두루미를 초대하여 사과 주스를 대접하려고 합니다. 토끼는 각각 다른 모양의 (가), (나), (다) 그릇을 준비해 놓고 말했습니다.

"우리 사이좋게 똑같이 나누어 먹자."

그 순간 토끼는 서로 다른 모양의 그릇에 어떻게 하면 똑같은 양을 나눠줄 수 있을지 고민에 빠졌습니다.

토끼의 고민을 해결하기 위해 서로 다른 모양의 그릇에 주스를 똑같이 나누어 줄 수 있는 방법을 3 가지 설명해 보세요. (단, 주스의 양은 남아도 상관없으며, 생활 속 도구를 사용하여 설명해 보세요.) [5 점]

대회 기출 유형

13. 어느 날 영재는 학교에 가보니 책상 속에 누가 썼는지 알 수 없는 생일 축하 편지와 학용품이 가득 들어 있는 것을 발견했습니다. 영재는 고마움을 표시하기 위해 학용품을 누가 선물했는지 같은 반 친구들과 선생님께 물어봤지만 모두 모른다고 했습니다. 영재에게 학용품을 선물한 친구는 누구일까요? 어떻게 하면 영재는 그 친구를 찾을 수 있을지 써 보세요. [5 점]

□ 유창성
☑ 융통성
☑ 독창성
□ 정교성

교육청 영재교육원 기출

14. 다음 <보기> 의 제시어를 1 개씩 사용하여 지구 온난화와 관련 있는 문장을 3 개 만들어 보세요. [6 점]

□ 유창성
☑ 융통성
□ 독창성
☑ 정교성

보기

섬　　화장지　　무지개

예시 답안 / 평가표 ·········> P. 9

대회 기출 유형

15. 다음 쌍을 이루고 있는 두 개의 직선을 <보기> 와 같이 원하는 대로 선이나 도형을 더 그려 넣어 어떤 물건이나 그림을 그리되, 3 가지 이상 그려보고, 각각에 대해 이름을 쓰거나 제목을 붙여 보세요. [5 점]

- ☑ 유창성
- ☐ 융통성
- ☐ 독창성
- ☑ 정교성

보기

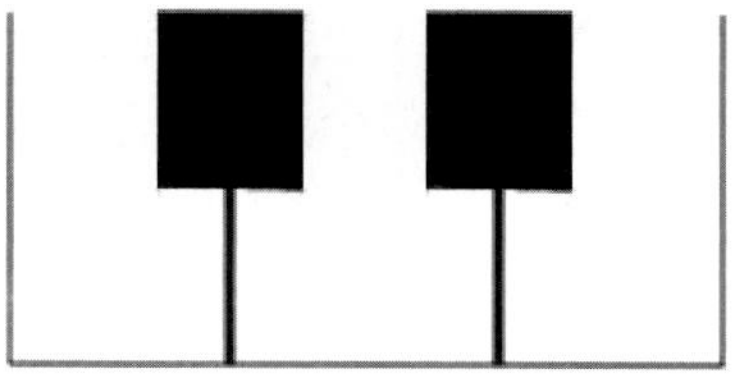

[피아노 건반]

[ ] [ ]

[ ] [ ]

1 영재성 검사 일반 창의성

교육청 영재교육원 기출 유형

16. 눈, 코, 귀, 손(피부) 각각의 감각기관으로 고둥 껍데기를 관찰하고, 그 내용을 표에 상세하게 써 보세요. (많이 쓸수록 점수는 높아집니다.) [6 점]

☑ 유창성
☑ 융통성
☐ 독창성
☐ 정교성

감각 기관	관찰 내용
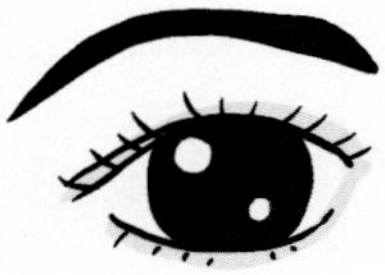 눈	
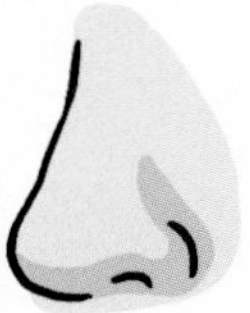 코	
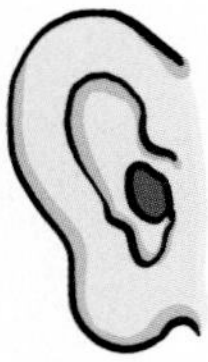 귀	
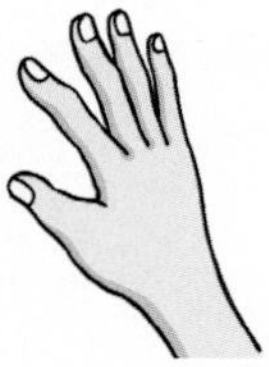 손(피부)	

예시 답안 / 평가표 ··········> P. 10

교육청 영재교육원 기출

17. 다음 <보기> 에는 주변의 소리를 표현하기 위한 준비물을 제시하고 있습니다. 주변의 소리를 표현할 수 있는 물건을 주어진 재료와 도구를 3 가지 이상 사용하여 만드는 과정을 써 보세요. (단, 그림을 그려도 됩니다.)

[6 점]

- ☐ 유창성
- ☐ 융통성
- ☑ 독창성
- ☑ 정교성

보기

재료 : 페트병, 종이컵, 클립, 빨대, 나무젓가락, 고무줄, 고무풍선, A4 용지

도구 : 가위, 셀로판테이프

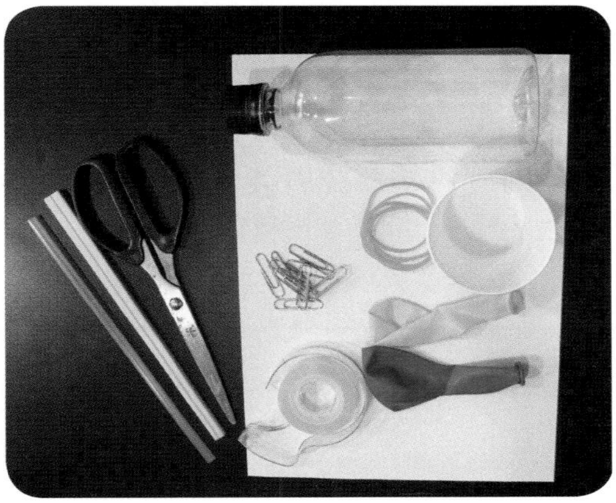

영재교육원 기출

18. 우리의 주변에는 쓰임새는 같지만 서로 다른 물질로 만들어진 다양한 물체가 있습니다. 예를 들어 컵은 철, 유리, 나무, 종이 등 다양한 물질로 만들어졌고, 이 물질들로 만들어진 컵은 각각의 장점을 가지고 있습니다. [6 점]

- ☐ 유창성
- ☑ 융통성
- ☑ 독창성
- ☐ 정교성

(1) 컵처럼 우리 주변에서 한 물체가 여러 물질로 만들어진 또 다른 예를 1 가지 쓰고, 각 물질로 만들어져서 갖게 되는 장점을 설명해 보세요. [3 점]

물체	
장점	

예시 답안 / 평가표 ··········> P. 12

(2) 하나의 물체를 정하여 <보기> 와 같이 이미 사용되고 있는 물질을 대체할 수 있는 또 다른 물질을 3 개 선택하고, 장점을 설명해 보세요. [3 점]

보기

물체 : 공책

사용되고 있는 물질 : 종이

대체할 물질 :

① 가죽 : 내용을 오래 보관할 수 있다.

② 비닐 : 비가 오는 날 들고다니거나 물을 쏟아도 물에 젖지 않는다.

③ 플라스틱(화이트보드 시트지) : 화이트보드 전용 펜으로 메모하면 쉽게 수정이 가능하다.

※ 선택한 물질에 대해 타당한 이유가 있으면 답으로 인정된다.

물체 :

사용되고 있는 물질 :

대체할 물질 : ①

②

③

19. 다음 (가) ~ (라) 의 도형을 보고, 각 도형의 모양으로부터 연상되는 것을 주변에서 찾아 써 보세요. (많이 쓸수록 점수는 높아집니다.) [5 점]

- ☑ 유창성
- ☑ 융통성
- ☐ 독창성
- ☐ 정교성

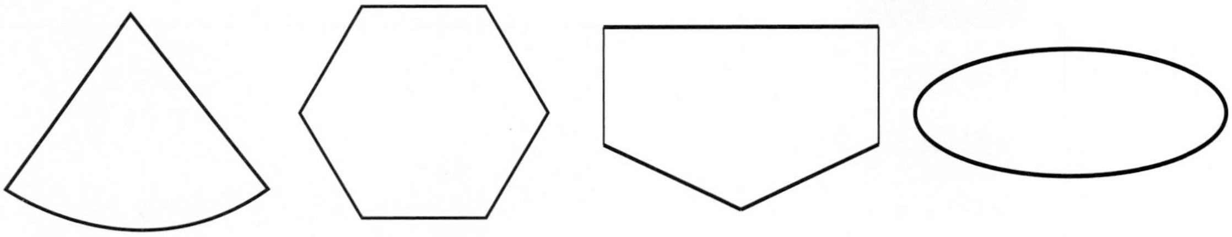

(가) (나) (다) (라)

(가)	
(나)	
(다)	
(라)	

예시 답안 / 평가표 ··········> P. 13

교육청 영재교육원 기출

☑ 유창성
☐ 융통성
☑ 독창성
☑ 정교성

20. 타고 가던 배가 난파되어서 무한이는 홀로 무인도 해변에 남게 되었습니다. 주위를 둘러보니 무성한 숲과 바다 이외에는 아무것도 보이지 않았습니다. 무한이는 살기 위해 이리저리 돌아다니다 해변에서 유리컵 하나를 발견하였습니다. 무한이가 무인도에서 유리컵을 활용하는 방법을 3가지 이상 설명해 보세요. [6 점]

1 영재성 검사 언어 / 추리 / 논리

교육청 영재교육원 기출

01. 다음 <보기> 의 문장에 밑줄 친 '너스레를 떨다' 의 의미를 쓰고, 같은 의미의 문장을 1 개 더 만들어 보세요. [4 점]

보기

얼굴을 잔뜩 찌푸리고 있는 무한이의 기분을 풀어주기 위해 상상이는 <u>너스레를 떨기 시작했다.</u>

예시 답안 / 평가표 ·········> P. 15

교육청 영재교육원 기출

02. 다음 <보기> 와 같이 우리가 알고 있는 속담을 의미가 통하도록 자유롭게 바꾸어 표현해 보세요.

[5 점]

보기

서당 개 삼 년이면 풍월을 읊는다.

→ 식당 개 삼 년이면 라면을 끓인다.

① 싼 게 비지떡이다.

→

② 굼벵이도 구르는 재주가 있다.

→

③ 하늘이 무너져도 솟아날 구멍이 있다.

→

영재교육원 기출

03. 영재는 생일을 맞이하여 가족에게 축하 카드를 받았습니다. 카드는 전원 버튼을 누르면 아래의 그림처럼 동시에 각각의 글자에 색이 있는 불빛이 나타납니다. 각 글자의 불빛은 파란색 → 빨간색 → 노란색 → 파란색 → 빨간색 → 노란색 → ··· 의 순서로 반복되어 켜지며 파란색은 3 분, 빨간색은 2 분, 노란색은 1 분 동안 불빛이 유지됩니다.

생	일	축	하	해
파란색	빨간색	노란색	파란색	노란색

영재가 전원 버튼을 눌렀을 때, 위와 같이 각각의 글자에 불빛이 켜졌다면 5 분 후에는 어떤 색의 글자들이 나타날지 빈칸에 알맞은 색을 써 보세요. (단, 5 분 후가 불빛이 바뀌는 순간이라면 불빛이 바뀌고 난 후의 색으로 답을 쓰면 됩니다.) [6 점]

5 분 후

생	일	축	하	해
[ ]색	[ ]색	[ ]색	[ ]색	[ ]색

CREATIVE THINKING!

예시 답안 / 평가표 ··········> P.16

교육청 영재교육원 기출

04. 올림픽에서 여러 나라 선수들이 100 m 달리기 시합을 하고 있습니다. 다음 <보기> 와 같이 결과가 나왔을 때, 달리기 시합의 최종 순위를 적어 보세요. [5 점]

보기

ㄱ. 일본 선수는 독일 선수 바로 뒤에 결승선을 통과했다.

ㄴ. 멕시코 선수는 미국 선수와 대한민국 선수 사이에 들어왔다.

ㄷ. 대한민국 선수는 일본 선수보다 먼저 들어왔다.

ㄹ. 미국 선수는 자메이카 선수보다 늦게 들어왔다.

ㅁ. 미국 선수는 대한민국 선수보다 먼저 들어왔다.

교육청 영재교육원 기출

05. 다음 글을 읽고, 상상이의 행동을 고치기 위한 방법으로 무엇이 좋을지 이야기해 보세요. [5 점]

어제 우리 반에서 학급 규칙으로 결정된 이번 주 지킬 일은 '숙제하기' 와 '친구들에게 친절하게 말하기' 두 가지였습니다. 우리 모둠은 학급 규칙을 잘 지키기 위해 이 두 가지 규칙 중에 하나라도 어기는 모둠원은 혼자 교실 청소를 하기로 했습니다.

우리 모둠원 중의 한 명인 상상이는 요즘 계속해서 숙제를 해 오지 않고 수업 시간에 주변 친구들을 괴롭히며 욕을 하기도 했습니다. 그래서 상상이는 혼자 교실 청소를 해야 했지만, 청소도 하지 않고 도망을 갔습니다.

교육청 영재교육원 기출

06. 마법의 나라에 놀러 간 상상이는 그곳에서 다섯 개의 마법 물약을 찾았고, 그 물약의 효과는 다음 <보기 1> 과 같았습니다.

보기 1

1 번 물약 : 귀가 길어지는 물약

2 번 물약 : 이빨이 길어지는 물약

3 번 물약 : 수염이 나는 물약

4 번 물약 : 코가 없어지는 물약

5 번 물약 : 눈이 빨갛게 되는 물약

상상이는 물약들을 5 개의 컵에 각각 나누어 담고, 1 개의 컵을 더 준비해서 물을 담았습니다. 그리고나서 각각의 컵에 (가) ~ (바) 까지 이름표를 붙였습니다. 그런데 상상이는 자신이 어떤 컵에 어떤 물약을 담았는지 잊어버리고 말았습니다.

상상이는 각각의 컵에 어떤 물약이 담겨 있는지 알아내기 위해 다음과 같은 실험을 하였습니다. 다음 <보기 2> 의 실험 결과를 바탕으로 (가) ~ (바) 에 들어 있는 물약을 구별해 보세요. [6 점]

보기 2

실험 1 : 어떤 동물에게 (가), (나), (다) 물약을 모두 먹였더니 코가 없어지고, 이빨과 귀가 길어졌다.

실험 2 : 어떤 동물에게 (가), (라), (마) 물약을 모두 먹였더니 눈이 빨갛게 되고, 귀가 길어졌다.

실험 3 : 어떤 동물에게 (다), (라), (바) 물약을 모두 먹였더니 수염이 나고, 코가 없어졌다.

(가)		(라)	
(나)		(마)	
(다)		(바)	

예시 답안 / 평가표 ··········> P. 18

07. 다음 그림의 이누이트(에스키모) 들은 모두 한 집안의 사람들입니다. 이들의 대사를 읽고, 누가 누구의 아버지인지 있는 대로 맞혀 보세요. [6 점]

정답 예시 : (상상) 이는 (영재) 의 아버지이다.

· (　　　　　　) 는(은) (　　　　　　) 의 아버지이다.
· (　　　　　　) 는(은) (　　　　　　) 의 아버지이다.
· (　　　　　　) 는(은) (　　　　　　) 의 아버지이다.
· (　　　　　　) 는(은) (　　　　　　) 의 아버지이다.

교육청 영재교육원 기출

08. 다음 <보기> 의 문장을 보고, ㉢ 의 결론이 나올 수 있도록 ㉡ 에 알맞은 문장을 써 보세요. [5 점]

보기

㉠ 사람은 모두 사랑을 받는다.

㉡ ______________________.

㉢ 그러므로 강아지는 사랑을 받는다.

교육청 영재교육원 기출

09. 다음 무한이와 상상이의 대화를 읽고, 논쟁이 발생한 이유를 설명해 보세요. [5 점]

무한 : 어제 서점 앞에서 본 키 큰 사람 기억나지?

상상 : 누구?

무한 : 서점에서 같이 본 키가 큰 사람 있었잖아.

상상 : 그 사람이 뭐가 커?

무한 : 아! 그 정도면 크지.

예시 답안 / 평가표 ·········> P. 20

교육청 영재교육원 기출 유형

10. 다음 대화에서 무한이의 마지막 말을 듣고, 엄마가 할 수 있는 말을 다양하게 써 보세요. [5 점]

엄마 : 너 지금 이걸 성적이라고 받아 온 거야?

무한 : 죄송해요. 아무래도 저는 공부 체질이 아닌가 봐요.

엄마 : 공부에 체질이 어디 있니? 시험 기간에도 맨날 잠만 자니까 그렇지.

무한 : 너무 그러지 마세요. 행복은 성적순이 아니라고 하잖아요?

엄마 : ______________________________ .

1 영재성 검사 과학 창의성

교육청 영재교육원 기출

01. **다음 대화 속에 등장하고 있는 장난감이 기체, 액체, 고체 중 어떤 상태와 가장 가까운지 1 가지만 쓰고, 왜 그렇게 생각하는지 3 가지의 이유를 들어 설명해 보세요. [5 점]**

- ☐ 유창성
- ☑ 융통성
- ☐ 독창성
- ☐ 정교성

무한이는 상상이가 가져온 장난감이 신기해서 다음과 같이 대화를 했다.

무한 : 그게 뭐야?

상상 : 액체 괴물이라는 장난감이야.

무한 : 액체? 왜 이름에 액체가 들어갈까?
내가 보기에는 고체 상태로 보이는데!

▲ 상상이 장난감

예시 답안 / 평가표 ·········> P. 22

교육청 영재교육원 기출

02. 코끼리는 기온이 높고 풀과 나무가 잘 자라는 곳에 살고 있습니다. 만약 코끼리가 추운 북극 지방에서 살아왔다면 지금과 어떤 모습이 다를까요? 현재 코끼리의 모습에서 변화되는 부분을 3 가지 이상 설명하고, 왜 그렇게 생각하는지 이유도 써 보세요.

- ☐ 유창성
- ☑ 융통성
- ☐ 독창성
- ☑ 정교성

[5 점]

교육청 영재교육원 기출

03. 다음은 바닷속에 사는 다시마를 나타낸 것입니다. 다시마와 같은 바닷속의 생물들이 어떻게 잘 살 수 있는지 육지에 살고 있는 식물과 비교하여 설명해 보세요. [6 점]

- ☐ 유창성
- ☑ 융통성
- ☐ 독창성
- ☑ 정교성

교육청 영재교육원 기출

□ 유창성
☑ 융통성
□ 독창성
☑ 정교성

04. 아래의 그림과 같이 불투명한 물체에 빛을 비추면 그림자가 생기게 됩니다. 불투명한 물체에 빛을 비추었을 때 그림자가 보이지 않게 할 수 있을까요? 손전등을 사용하여 그림자가 보이지 않게 할 수 있는 방법을 3 가지 이상 써 보세요. [6 점]

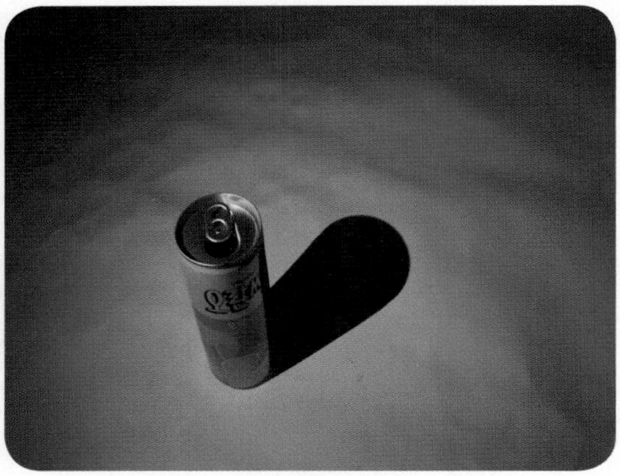

예시 답안 / 평가표 ………> P. 23

교육청 영재교육원 기출

05. 개구리를 키우기 위해서는 먼저 사육할 수 있는 환경을 고려하여 사육 상자를 만들어야 합니다. 개구리의 사육 상자를 만든다면 필요한 준비물은 무엇일지 개구리의 습성과 관련지어 5 가지를 쓰고, 이유를 설명해 보세요. [5 점]

- ☐ 유창성
- ☐ 융통성
- ☑ 독창성
- ☑ 정교성

	준비물	이유
1		
2		
3		
4		
5		

대회 기출 유형

06. 우주인들이 타고 있던 우주선이 갑작스러운 고장으로 인해 달 표면에 착륙하였습니다. 그들은 우주 기지까지 우주선에서 내려 좀 더 걸어가야 합니다. 우주인당 1 개의 물품만을 가지고 내릴 수 있다면, 달이라는 상황을 고려하여 다음 물음에 답해 보세요. [6 점]

- ☐ 유창성
- ☑ 융통성
- ☐ 독창성
- ☑ 정교성

우주인 1 : 자석을 가져가야 해. 자석으로 나침반을 대신할 수 있어.

우주인 2 : 마이크와 스피커가 부착된 음향 장치를 가져가야 해. 계속 소리를 내서 우리의 위치를 알려야 하기 때문이야.

우주인 3 : 성냥을 가져가야 해. 불을 피워 구조 요청을 하려면 가장 필요한 물품이야.

우주인 4 : 핫팩을 가져가야 해. 밤이 되면 아주 추워지기 때문이야.

우주인 5 : 물을 가져가야 해. 우주복을 입고 있으면 땀이 많이 나기 때문에 물 보충이 필요해.

(1) 달에서 사용할 수 있는 물품을 선택한 우주인을 모두 고르세요. [2 점]

(2) (1) 번에서 답으로 고르지 않은 우주인들이 설명하는 내용 중에서 잘못된 부분을 찾아 어느 부분이 틀렸는지 설명해 보세요. [4 점]

– 우주인 ( ) :

– 우주인 ( ) :

⋮

예시 답안 / 평가표 ·········> P. 24

영재교육원 기출 유형

07. 현재 바다의 수심을 측정하기 위해 가장 많이 사용되는 방법은 초음파를 이용한 음향 측심법입니다. 음향 측심법은 바다 표면에서 초음파를 보내 바닷속 땅으로부터 반사되어 돌아오기까지의 걸린 시간을 재어 수심을 측정하는 방법입니다. 음향 측심법 이외에 사람이나 생물이 초음파를 이용하고 있는 예를 3 가지 이상 설명해 보세요. [4 점]

☐ 유창성
☑ 융통성
☐ 독창성
☐ 정교성

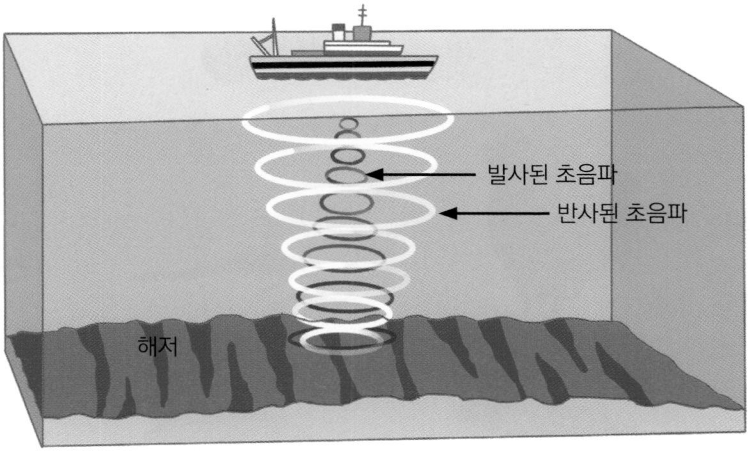

▲ 음향 측심법

교육청 영재교육원 기출

08. 탐구 대상의 공통점과 차이점을 바탕으로 기준을 세워 무리 짓는 것을 분류라고 합니다. 다음 아래의 동물들을 분류할 수 있는 기준을 2 가지 쓰고, 각각의 기준으로 아래의 동물들을 모두 분류하여 기호로 나타내 보세요. [5 점]

□ 유창성
☑ 융통성
□ 독창성
☑ 정교성

①

②

③

④

⑤

⑥

⑦

⑧

⑨

– 분류 기준 1 :

기준에 따른 분류 :

– 분류 기준 2 :

기준에 따른 분류 :

- ☐ 유창성
- ☑ 융통성
- ☐ 독창성
- ☑ 정교성

09. 불이 났을 때, 소화기를 사용하면 공기 중 산소의 공급을 차단하여 불을 끌 수 있습니다. 소화기의 스위치를 누르면 산소보다 무거운 이산화 탄소가 나옵니다. 그 이산화 탄소가 불이 난 곳에 가라앉게 되면서 산소가 차단되어 불이 꺼지게 됩니다. 우리는 이산화 탄소가 공기보다 무겁다는 것을 알고 있지만, 이산화 탄소와 공기는 모두 투명한 기체이기 때문에 그 무게를 쉽게 비교할 수 없습니다. 다음 <보기> 의 준비물을 3 가지 이상 사용하여 이산화 탄소가 공기보다 무겁다는 것을 확인하는 실험 과정을 쓰고, 결과를 서술해 보세요. (단, 각각의 준비물을 여러 번 사용할 수 있습니다.) [6 점]

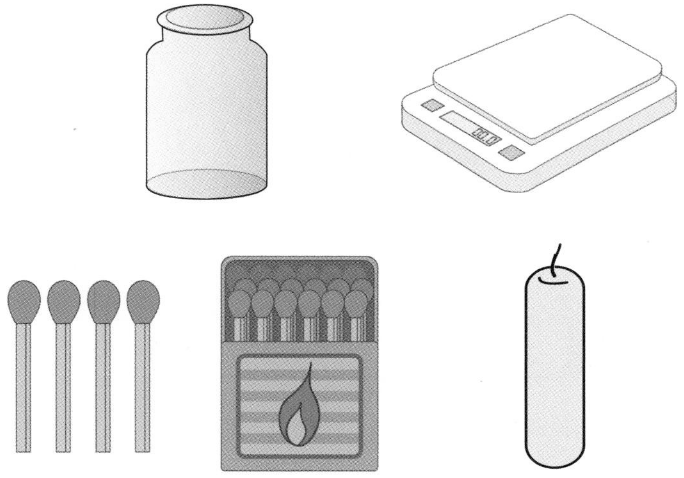

보기

집기병, 양초, 성냥, 전자저울(측정 단위 : 0.01 g)

교육청 영재교육원 기출

10. 다음 <보기> 의 대화에서는 무한이와 친구들이 화석에 대해 이야기를 나누고 있습니다. 화석에 대해 잘못 설명하고 있는 친구를 모두 찾고, 어떤 내용이 틀렸는지 바르게 고쳐 보세요. [5 점]

□ 유창성
☑ 융통성
□ 독창성
□ 정교성

보기

영재 : 화석은 생물의 몸체나 흔적이 암석이나 지층 속에 남아 있는 것이기 때문에 모든 화석은 돌로 되어 있어.

상상 : 나는 화석이란 돌로 된 것뿐만 아니라, 오래된 것은 모두 화석이라고 생각해. 땅속에 묻혀 있던 석기시대 토기도 화석이지.

나영 : 나는 생물이 화석이 된 것이기 때문에 생물의 몸체가 반드시 남아 있어야 화석이라고 생각해.

민지 : 화석이란 옛날에 살았던 동식물의 몸체나 흔적이 암석이나 지층 속에 남아 있는 것으로 만들어지므로 모두 오랜 시간이 걸리지.

무한 : 나는 민지와 다르게 생각해. 화산 폭발로 화산재에 생물들이 덮여 순식간에 만들어진 것도 화석이야.

예시 답안 / 평가표 ·········> P. 27

대회 기출 유형

☑유창성
☑융통성
☐독창성
☐정교성

11. 고대 이집트인들은 시원한 물을 얻기 위해 불에 굽지 않고 그릇의 모양으로 굳힌 흙 그릇을 사용하였습니다. 이 흙 그릇에는 매우 작은 구멍이 많이 나 있어서 물을 가득 채우면 이 구멍으로 물이 조금씩 새어 나와 시원해졌다고 합니다. 구멍이 많은 흙 그릇에 넣은 물이 시원하게 보관되는 원리를 설명해 보고, 같은 원리를 사용하고 있는 예시를 가능한 많이 써 보세요. (많이 쓸수록 점수가 높아집니다.) [5 점]

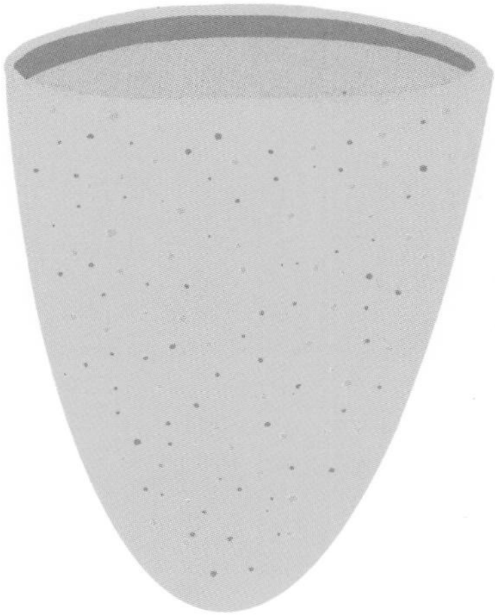

대회 기출 유형

12. 다음 그림은 레이저 빛이 곧게 나아가는 모습을 나타낸 것입니다. 빛이 곧게 나아가는 성질을 '빛의 직진성' 이라고 합니다. 그림을 보고, 물음에 답해 보세요. [6 점]

- ☐ 유창성
- ☑ 융통성
- ☐ 독창성
- ☑ 정교성

(1) 레이저 빛 외에 빛이 직진하는 모양을 볼 수 있는 경우를 3 가지 이상 써 보세요. [3 점]

(2) 만약 빛이 직진하지 않는다면 어떤 현상이 일어날까요? 일어날 수 있는 현상을 1 가지 적고, 이유를 설명해 보세요. [3 점]

CREATIVE THINKING!

예시 답안 / 평가표 ·········> P. 28

교육청 영재교육원 기출

13. 다음 지진 발생 시의 <안전 수칙> 을 읽고, 1 ~ 4 번의 안전 수칙을 지켜야 하는 이유를 각각 설명해 보세요. [5 점]

- ☐ 유창성
- ☑ 융통성
- ☐ 독창성
- ☑ 정교성

안전 수칙

1. 가스레인지의 불을 끄고, 밸브를 잠근다.
2. 손전등을 휴대한다.
3. 식탁 아래에 몸을 숨기고, 지진이 끝날 때까지 대기한다.
4. 지진이 멈춘 후 승강기를 이용하지 않고, 비상계단을 이용하여 건물 바깥으로 대피한다.

안전 수칙	이유
1. 가스레인지의 불을 끄고, 밸브를 잠근다.	
2. 손전등을 휴대한다.	
3. 식탁 아래로 몸을 숨기고, 지진이 끝날 때까지 대기한다.	
4. 지진이 멈춘 후 승강기를 이용하지 않고, 비상계단을 이용하여 건물 밖으로 대피한다.	

교육청 영재교육원 기출

14. 다음은 자석의 성질을 이용한 물건입니다. 각각의 물건이 자석의 어떤 성질을 이용한 것인지 설명하고, 그 성질을 이용한 또 다른 예를 1 가지씩 써 보세요. [4 점]

☐ 유창성
☑ 융통성
☐ 독창성
☐ 정교성

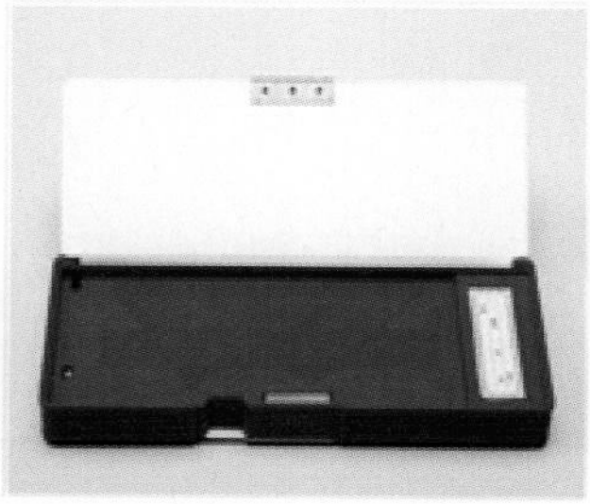

▲ 자석 필통

▲ 고리 자석

	성질	예
자석 필통		
고리 자석		

예시 답안 / 평가표 ··········> P. 29

대회 기출 유형

- ☐ 유창성
- ☑ 융통성
- ☐ 독창성
- ☐ 정교성

15. 상상이는 다음 그림과 같이 철가루, 톱밥, 소금, 모래가 섞여 있는 혼합물을 각각의 물질로 분리하려고 합니다. 과학적인 방법을 이용하여 어떻게 분리할 수 있을까요? 각각의 물질로 분리하는 과정을 단계별로 설명해 보세요. (단, 거름 장치, 온도계 등의 실험 도구를 사용할 수 있습니다.) [5 점]

1 단계 :

2 단계 :

⋮

영재교육원 기출 유형

16. 다음 <보기> 에는 무게를 모르는 어떤 추의 무게를 알아내기 위한 준비물이 나열되어 있습니다. <보기> 에 주어진 준비물을 활용하여 추의 무게를 알아낼 수 있는 실험을 설계하고, 실험 과정을 써 보세요. (단, 실험 설계를 할 때, 실험 장치는 그림으로 나타내야 합니다.) [6 점]

□ 유창성
☑ 융통성
☑ 독창성
☑ 정교성

보기

실험 스탠드, 고무줄 2 개, 자(30 cm), 추(10 g) 5 개,
모눈종이, 가위, 클립 3 개, 셀로판테이프, 무게를 모르는 추 1 개

실험 설계	
실험 과정	

예시 답안 / 평가표 ·········> P. 30

영재교육원 기출 유형

☑유창성
☑융통성
☐독창성
☐정교성

17. 무한이는 수영장에 놀러 가면 공기로 가득 채운 튜브 위에 누워 물에 떠 있는 것을 좋아하고, 물속에서 즐기는 놀이는 친구들과 비치볼을 가지고 노는 것입니다. 이와 같이 우리 주변에서 기체가 이용되고 있는 예시를 2 가지 이상 찾고, 기체를 이용하고 있는 목적이 무엇인지 써 보세요. [5 점]

교육청 영재교육원 기출

18. 실험을 할 때는 다치지 않기 위해 지켜야 할 주의 사항들이 있습니다. 다음 식물의 잎에서 만들어지는 물질이 무엇인지 알아보는 <실험 과정> 에서 발생할 수 있는 안전사고를 예상하여 실험자가 지켜야 할 주의 사항을 5 개 이상 설명해 보세요. [5 점]

☑유창성
☑융통성
☐독창성
☐정교성

실험 과정

(가) 식물의 잎을 알루미늄박으로 씌운 다음, 햇빛이 잘 드는 창가에 2 ~ 3 일 동안 놓아둔다.

(나) 알코올이 담긴 작은 비커에 알루미늄박으로 씌운 잎과 씌우지 않은 잎을 같이 넣는다.

(다) (나) 의 작은 비커를 물이 든 큰 비커에 반쯤 잠기도록 넣고, 가열한다.

(라) 가열한 잎을 따뜻한 물로 헹군다.

(마) 아이오딘-아이오딘화 칼륨 용액을 떨어뜨려 잎의 색깔 변화를 관찰한다.

교육청 영재교육원 기출

19. 다음 글을 읽고, 물음에 답해 보세요.

☑유창성
☑융통성
☐독창성
☐정교성

영재는 친구들과 탁구를 하던 중에 탁구공을 밟았습니다. 찌그러진 탁구공을 펴기 위해 선생님이 알려주신 대로 따뜻한 물에 넣었더니 거짓말처럼 탁구공이 원래대로 돌아왔습니다.

위의 현상을 온도에 따른 기체의 부피 변화와 관련지어 설명하고, 이와 같은 생활 속의 다른 예를 2 가지 이상 써 보세요. [5 점]

예시 답안 / 평가표 ··········> P. 32

영재교육원 기출 유형

20. 다음 그림과 같이 6 명의 친구들이 실 전화기 놀이를 하고 있습니다. 그림을 보고, 물음에 답해 보세요. [5 점]

☐ 유창성
☑ 융통성
☐ 독창성
☑ 정교성

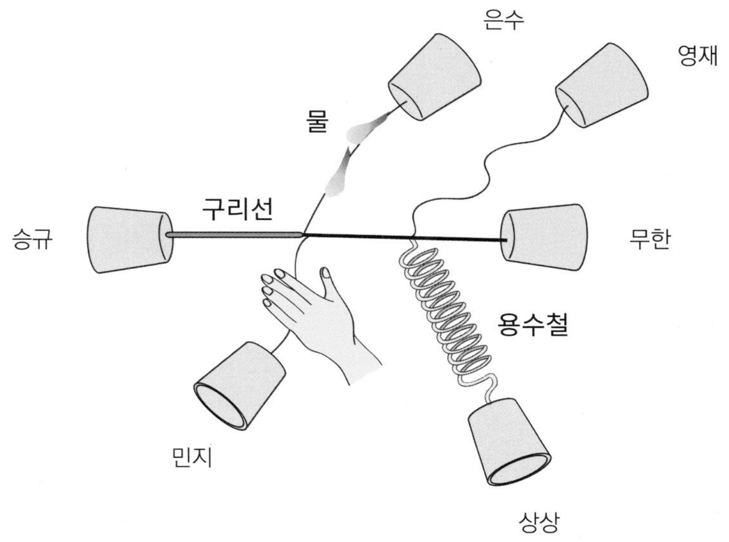

(1) 무한이가 실 전화기에 입을 대고 이야기를 했을 때, 무한이의 이야기가 잘 들리지 않을 것 같은 친구를 <u>모두</u> 골라 보세요. [2 점]

(2) 실 전화기에서 소리가 잘 전달되도록 할 수 있는 방법을 3 가지 써 보세요. [3 점]

CREATIVE
THINKING!
BEST
GO
꾸러미 120제

Part 2

창의적 문제해결력 과학 (50문제)

2 창의적 문제해결력 과학

교육청 영재교육원 기출 유형

01. 다음을 읽고, 물음에 답해 보세요. [5 점]

☑유창성
☐융통성
☐독창성
☑정교성

동물 중에는 겉모습으로 암수(암컷과 수컷)의 구별이 가능한 동물이 있고, 가능하지 않은 동물도 있습니다. 예를 들어, 펭귄이나 다람쥐는 겉모습으로 암수의 구별이 어려운 동물입니다.

(1) 동물의 겉모습을 보고 암수의 구별이 가능한 동물 3 가지를 찾아 암수의 특징을 써 보세요. [3 점]

(2) 무한이는 집에서 우리나라 토종 물고기인 피라미를 키우고 있습니다. 어느 날 무한이가 어항 속을 보는 데 이상한 점을 느꼈습니다. 무한이가 평소에 보던 몸통이 주로 은백색을 띠는 피라미(A) 외에 등은 진한 청색을 띠며, 배에는 분홍색의 무늬가 있고, 머리와 뒷지느러미 쪽에는 돌기 모양이 나 있는 피라미(B) 를 보았습니다.

무한이가 평소에 보던 주로 은백색을 띠는 피라미 중 몇 마리의 색이 달라진 이유가 무엇일까요? 그 이유를 동물의 암수 구별과 관련지어 설명하고, 암수를 구별해 보세요. [2 점]

▲ 무한이가 평소에 보던 은백색의 피라미 (A)

▲ 무한이가 평소에 보지 못한 색의 피라미 (B)

정답 및 해설 / 예시 답안
··········> P. 34

02. 우리 주위의 여러 가지 물체들은 물질로 이루어져 있습니다. 물질은 각각 다른 성질을 가지고 있으므로 물체를 만들 때는 쓰임새에 맞는 물질을 사용해야 합니다. 예를 들어, 물질 중 가벼운 종이로 컵을 만든다면 들고 다니기 편리해집니다. 다음과 같은 자동차에도 여러 가지 물질이 사용되었습니다. 물음에 답해 보세요. [4 점]

- ☑ 유창성
- ☑ 융통성
- ☐ 독창성
- ☐ 정교성

(1) 자동차의 각 부분의 물체의 이름과 물체에 사용된 물질을 있는 대로 찾아 써 보세요. [2 점]

물체	물질

(2) 자동차의 각 부분의 물체에 왜 그 물질을 사용했을까요? 각각의 물질이 가지는 성질과 관련지어 설명해 보세요. [2 점]

2 창의적 문제해결력 과학

03. 그림과 같이 무한이는 동전 자석을 사용하여 손을 대지 않고 굴러가는 장난감 자동차를 만들었습니다. 자동차 뒤 5 cm 정도 거리를 두고 동전 자석을 갖다 댔더니 자동차가 앞으로 움직이기 시작했고, 무한이는 자동차가 움직이는 것을 보고 신기해했습니다. 다음 물음에 답해 보세요. [6 점]

- ☐ 유창성
- ☑ 융통성
- ☐ 독창성
- ☑ 정교성

(1) 무한이가 동전 자석을 사용하여 만든 장난감 자동차가 움직인 원리는 무엇일까요? [2 점]

(2) 장난감 자동차에 붙어 있는 동전 자석과 5 cm 정도의 뒤에 있는 동전 자석 사이에 A4 용지 한 장, A4 용지와 크기가 같고 두께가 비슷한 알루미늄판과 철판을 끼워 넣었다면 장난감 자동차의 움직임이 어떻게 변할지 각각 설명해 보세요. [4 점]

	자동차의 움직임 변화
A4 용지	
알루미늄판	
철판	

대회 기출 유형

04. 상상이는 사육 상자를 꾸며 배추흰나비를 기르면서 한살이 과정을 관찰하고, 관찰 일기를 작성하였습니다. [4 점]

☐ 유창성
☑ 융통성
☐ 독창성
☑ 정교성

(1) 상상이가 배추흰나비를 기르는 사육 상자의 내부를 어떻게 꾸몄을지 생각하여 아래의 수조에 그리고, 과정을 설명해 보세요. [2 점]

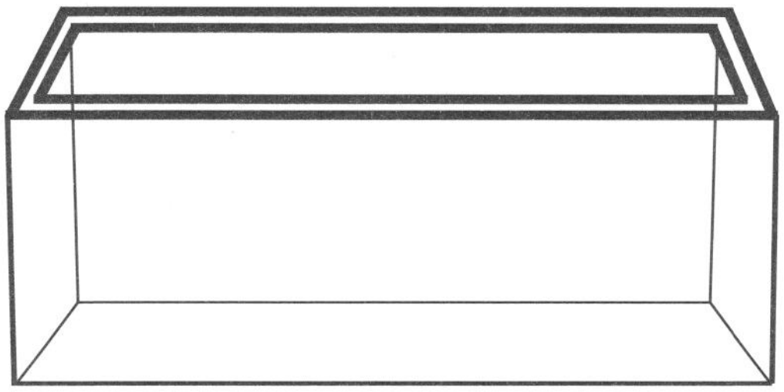

(2) 상상이가 배추흰나비를 기르면서 쓴 관찰 일기의 내용이 올바른 것을 모두 고르세요. [2 점]

① 

성충이 알의 바깥 껍질에 구멍을 내준 후에, 애벌레가 알을 깨고 나왔다.

② 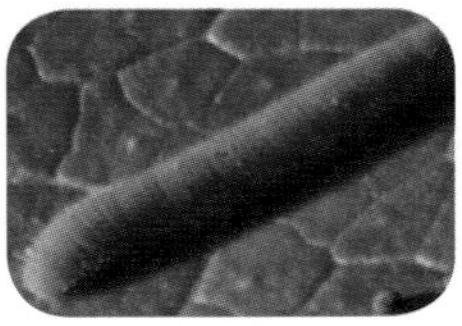

애벌레의 등 근처는 녹색이며, 털이 있다.

③ 

번데기는 주변의 색에 따라 몸의 색깔이 바뀌었다.

④ 

성충의 다리는 모두 세 쌍으로 두 쌍은 가슴에 있고 한 쌍은 배에 붙어 있었다.

2 창의적 문제해결력 과학

대회 기출 유형

05. 상상이는 소리의 성질을 알아보기 위해 다음과 같이 두 가지의 실험을 했습니다. [5 점]

- ☐ 유창성
- ☑ 융통성
- ☐ 독창성
- ☑ 정교성

[실험 1]

① 고무마개를 들고, 작은 종이 달린 실을 매단다.

② 밑바닥에 물이 들어있는 삼각플라스크를 준비하고, 삼각플라스크의 입구를 종이 달린 고무마개로 막는다. 이때 종이 물에 닿지 않도록 해야 한다.

③ 삼각플라스크를 흔들어 종소리를 들어 본다.

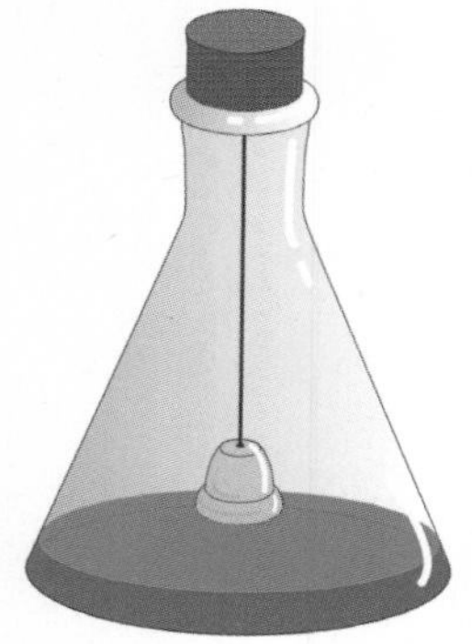

[실험 2]

① 고무마개를 들고, 작은 종이 달린 실을 매단다.

② 삼각 플라스크에 약간의 물을 넣고 끓인다.

③ 물이 끓으면서 수증기가 올라오면 삼각플라스크의 입구를 종이 달린 고무마개로 막는다. 이때 종이 물에 닿지 않도록 해야 한다.

④ 삼각플라스크를 찬물로 식힌 후 삼각플라스크를 흔들어 종소리를 들어 본다.

(1) [실험 2] 의 ④ 번 과정에서 삼각플라스크를 찬물로 식히는 이유가 무엇일까요? [3 점]

(2) 위의 두 가지의 실험에 대한 설명으로 옳은 것을 모두 고르세요. [2 점]

① 두 실험에서 모두 종소리가 들리지 않는다.
② [실험 1] 에서 삼각 플라스크를 흔들 때 종소리가 들린다.
③ [실험 1] 에서 종소리가 들리는 이유는 삼각 플라스크 안의 물 때문이다.
④ [실험 2] 에서 삼각 플라스크를 흔들 때 들리는 종소리는 거의 들리지 않는다.
⑤ [실험 2] 에서 식힌 삼각 플라스크 안에는 기체가 희박하다.

정답 및 해설 / 예시 답안 ············> P. 37

교육청 영재교육원 기출 유형

06. 다음 그림은 조선 후기의 화가 겸재 정선이 한강의 아름다운 풍경을 그린 <유수팔경도> 를 나타낸 것입니다. 이 <유수팔경도> 는 서울 한강 하류의 아름다운 모습을 그린 것으로, 평화롭고 아름답던 한강의 옛 모습을 연구하는데 귀중한 자료가 되고 있습니다. [5 점]

- ☐ 유창성
- ☑ 융통성
- ☐ 독창성
- ☐ 정교성

(1) 강의 하류에서 나타나는 돌의 크기, 강폭, 경사의 특징을 써 보세요. [2 점]

(2) 내가 강의 하류 지역에 산다면 주변 환경을 이용하여 무엇을 할 수 있을지 3 가지 설명해 보세요. [3 점]

2 창의적 문제해결력 과학

07. 다음은 그리스 신화에 등장하는 나르시스에 대한 내용입니다. 내용을 읽고, 물음에 답해 보세요. [5 점]

- ☐ 유창성
- ☑ 융통성
- ☐ 독창성
- ☑ 정교성

나르시스라는 목동은 매우 잘생겨서 그 미모 때문에 여러 요정에게 사랑을 받았습니다. 하지만 나르시스는 아무도 사랑하지 않았죠. 그러던 어느 날 양 떼를 몰고 거닐다 호숫가에 다다른 나르시스는 물속에 비친 자신의 모습을 보게 되었습니다. 나르시스는 세상에서 처음 보는 아름다운 얼굴에 감탄하며 매일 호수를 찾아오기 시작했습니다. 그런데 물속의 그 미소년은 나르시스가 손을 집어넣으면 물 표면이 흔들리며 사라지고, 잔잔해지면 또다시 나타나는 것이었습니다. 나르시스는 물에 비친 모습이 자신이라고는 생각하지 못하고 깊이 사랑하다가 결국 그 모습을 따라 물속으로 들어가 숨을 거두고 말았습니다. 후에 나르시스가 있던 자리에서 꽃이 피어났고, 그것이 바로 수선화(narcissus)입니다.

(1) 나르시스는 물속에 비친 자신을 사랑하다 결국 물에 빠져 죽게 되었습니다. 나르시스가 물속에 비친 자신의 모습을 볼 수 있었던 이유를 과학적으로 설명해 보세요. [3 점]

(2) 나르시스가 물속에 비치는 자신의 모습을 더 잘 보기 위해서는 어떤 날씨가 좋을까요? [2 점]

08. 다음은 삼엽충과 암모나이트 화석을 나타낸 것입니다. [5 점]

□ 유창성
☑ 융통성
□ 독창성
□ 정교성

▲ 삼엽충 화석

▲ 암모나이트 화석

(1) 무한이와 반 친구들은 삼엽충과 암모나이트 화석에 대해 대화를 나누고 있습니다. 다음 무한이와 친구들 중 옳은 내용을 말하고 있는 사람을 모두 고르세요. [3 점]

보기

광민 : 삼엽충과 암모나이트는 특정 시대에만 살았던 생물의 화석이므로 좁은 지역에 분포해.
무한 : 맞아. 광민이가 말하는 화석을 시상 화석이라고 불러.
상상 : 화석을 통해 시대나 지역의 환경을 알 수 있어. 그뿐만 아니라 지하자원이 묻혀 있는 장소, 생물의 진화 과정까지 알 수 있어.
정후 : 삼엽충이나 암모나이트 화석으로는 지층의 생성 순서를 알 수 있어.

(2) 날개가 있는 곤충은 몸의 단단한 부분이 없고, 날개는 매우 연약합니다. 이러한 곤충이 화석으로 남아 있을 수 있는 이유를 써 보세요. [2 점]

09. 무한이는 열에 의한 기체의 부피 변화를 알아보기 위해 삶은 달걀과 주스 병을 이용하여 다음과 같이 간단한 실험을 했습니다. [6 점]

□ 유창성
☑ 융통성
☑ 독창성
☑ 정교성

[실험 과정]

① 삶은 달걀의 껍데기를 벗겨 준비한다.

② 주스 병이 뜨거워질 때까지 뜨거운 물을 넣고 흔든다.

③ 주스 병 속의 뜨거운 물을 모두 다른 그릇에 옮겨 따른다.

④ 주스 병이 식기 전에 껍질을 벗긴 삶은 달걀을 주스 병의 입구에 올려놓는다.

(1) 실험 결과 주스 병의 주둥이에 올려놓았던 달걀이 어떻게 될지 쓰고, 이유를 설명해 보세요. [3 점]

(2) 빈 병과 동전을 사용하여 같은 과학적 원리를 확인할 수 있는 실험을 생각하여 실험 과정과 실험 결과를 써 보세요. [3 점]

대회 기출 유형

10. 다음은 뜨거운 스팀 다리미에서 김이 나오는 것을 관찰한 그림이다. 스팀 다리미에서 김이 나올 때를 관찰해 보면 김은 스팀 다리미에서 약간 떨어진 곳에서 생기고, 스팀 다리미에서 좀 더 멀어지면 다시 김이 없어지는 것을 볼 수 있다. [5 점]

☐ 유창성
☑ 융통성
☐ 독창성
☐ 정교성

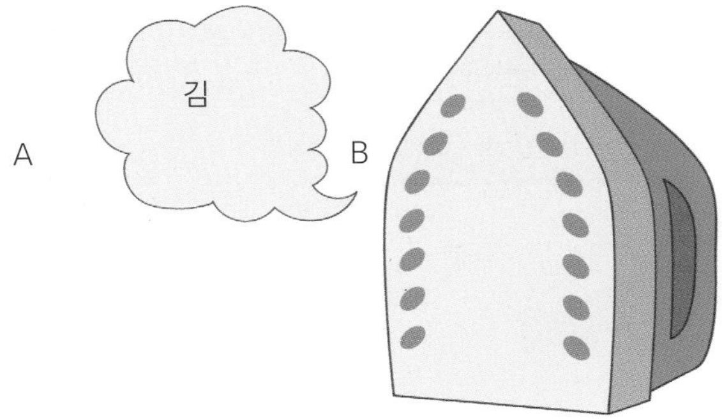

(1) 이에 대한 설명으로 옳은 것을 모두 고르세요. [3 점]

① A 부분에서는 증발이 일어난다.
② A 부분의 온도는 김이 있는 곳의 온도보다 높다.
③ B 부분에는 스팀 다리미에서 나온 수증기가 존재한다.
④ 김은 스팀 다리미에서 나온 수증기가 모여 붙은 것이다.
⑤ 김이 생기는 원리는 춥고 맑은 새벽에 식물의 잎에 서리가 생기는 원리와 같다.

(2) 무한이는 더운 여름날 아이스크림을 먹는 동안 아이스크림이 천천히 녹기를 바라며 시원한 선풍기 앞에서 아이스크림을 먹었습니다. 아이스크림이 정말 천천히 녹았을까요? 답을 쓰고, 이유를 설명해 보세요. [2 점]

2 창의적 문제해결력 과학

대회 기출 유형

11. 무한이는 어린 사촌 동생을 위해 모빌을 만들어 주기로 했습니다. 종이로 만든 돌고래 모양을 이용하여 모빌을 만들기 위해 막대에 같은 크기의 돌고래가 매달린 실을 묶어 그림과 같이 만들었습니다. 그런데 무한이가 만든 모빌은 막대의 수평이 맞지 않았습니다. (단, 모빌을 만드는 데 사용한 종이, 막대, 실은 모두 매우 가볍습니다.)

☑ 유창성
☑ 융통성
☐ 독창성
☑ 정교성

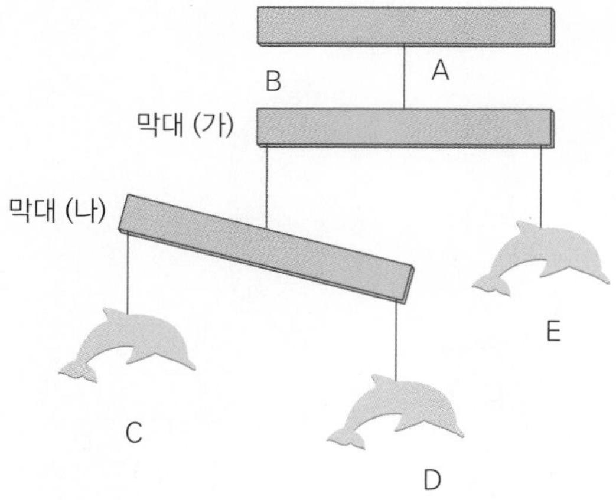

▲ 무한이가 만든 모빌의 처음 모습

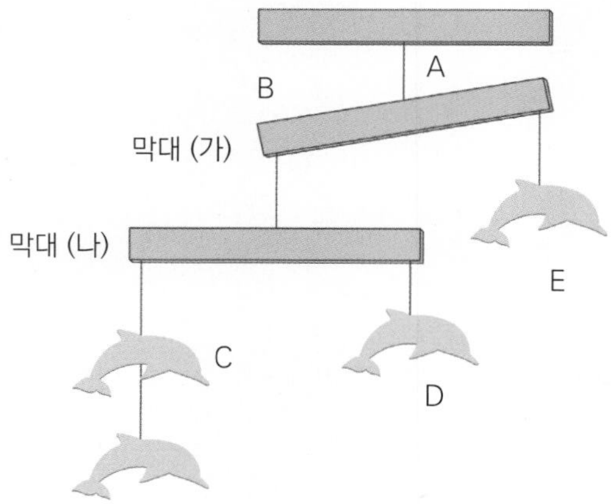

▲ 무한이가 막대 (나) 의 수평을 맞춘 후,
모빌의 모습

무한이는 모빌에서 막대 (나) 의 수평을 맞추기 위해 C 쪽에 돌고래를 한 개 더 매달아 수평을 맞췄습니다. 하지만 이번에는 처음에 수평을 이루고 있던 막대 (가) 의 왼쪽이 아래로 내려왔습니다. 무한이가 다시 막대 (가) 의 수평을 맞추는 방법에는 무엇이 있을지 있는대로 써 보세요.

[5 점]

정답 및 해설 / 예시 답안 ············> P. 42

12. 달 표면의 색은 회색빛의 밝은 부분과 검은색의 어두운 부분으로 되어 있습니다. 옛날 사람들은 이러한 달의 밝고 어두운 부분을 보고 여러 모습을 상상했습니다. 다음 물음에 답해 보세요. [5 점]

- ☐ 유창성
- ☑ 융통성
- ☐ 독창성
- ☐ 정교성

(1) 사람들은 달의 어두운 부분을 보고 방아 찧는 토끼나 당나귀의 모습을 떠올리기도 했습니다. 달에서 이러한 어두운 부분은 왜 생긴 걸까요? [3 점]

(2) 다음 그림은 우주에서 본 달과 지구의 모습을 나타낸 것입니다. 이 그림을 보고 지구와 달의 차이점을 1 가지 이상 써 보세요. [2 점]

▲ 달

▲ 지구

2 창의적 문제해결력 과학

13. 다음은 섞여 있는 철 캔과 알루미늄 캔을 분리하는 방법입니다. 물음에 답해 보세요. [5 점]

☑유창성
☑융통성
☐독창성
☑정교성

① 철 캔과 알루미늄 캔의 혼합물을 이동 벨트 위에 올려놓는다.

② 벨트가 이동하면서 자석에 붙지 않는 ㉠ (   ) 캔이 먼저 앞쪽 상자로 떨어진다.

③ ㉡ (   ) 캔은 자석에 붙은 채로 벨트 아래쪽으로 이동한 후, 벨트가 자석에서 멀어짐에 따라 뒤쪽 상자로 떨어진다.

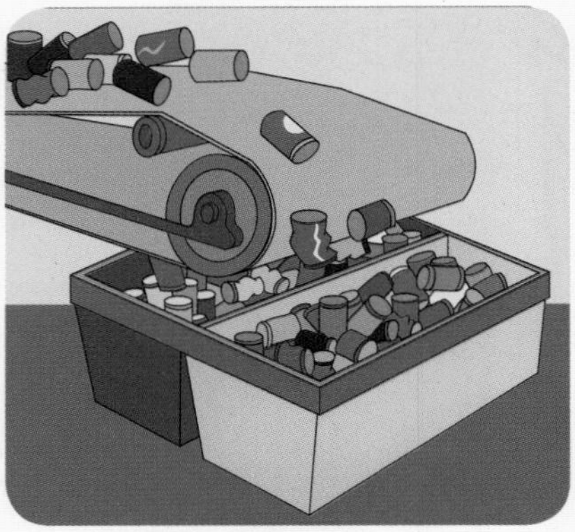

(1) 제시된 글 속의 ㉠, ㉡ 에 알맞은 말을 쓰세요. [2 점]

㉠ (   )

㉡ (   )

(2) 캔의 혼합물에 알루미늄 캔과 철 캔뿐만 아니라 플라스틱 캔도 섞여 있다면 어떻게 구별할 수 있을까요? 다음 3 개의 캔이 외형이 같고 특별한 표시가 없어 구별이 어려운 플라스틱 캔, 알루미늄 캔, 철 캔이라면 어떻게 구별할 수 있을지 방법을 설명해 보세요. [3 점]

14. 다음 (가), (나) 는 각각 물과 소금물이 담긴 비커에 달걀을 넣은 모습을 나타낸 것입니다. [5 점]

□ 유창성
☑ 융통성
□ 독창성
☑ 정교성

(가)　　　　　　　　(나)

(1) 위의 (가) 와 (나) 처럼 달걀이 물에서는 가라앉고, 소금물에서는 떠 있는 이유가 무엇일까요? [2 점]

(2) 다음 <보기> 중 그림 (나) 에 대한 설명으로 옳은 것을 모두 고르세요. (단, 소금물과 달걀이 서로 주고받는 물질은 없습니다.) [3 점]

보기

ㄱ. 물을 더 넣으면 달걀은 가라앉을 것이다.
ㄴ. 비커 주변의 습도가 높으면 달걀은 가라앉을 것이다.
ㄷ. 비커에 랩을 씌우면 달걀은 더 떠오를 것이다.
ㄹ. 바람이 잘 통하는 창가에 약 일주일 동안 놓아두면 달걀은 더 떠오를 것이다.

대회 기출 유형

15. 다음 <보기> 는 무한이가 노란색 셀로판지를 통하여 여러 개의 색지를 보았을 때의 결과를 나타낸 것입니다. [5 점]

□ 유창성
☑ 융통성
□ 독창성
☑ 정교성

보기

ㄱ. 빨간색 종이를 보았더니 종이가 빨간색으로 보였다.
ㄴ. 초록색 종이를 보았더니 종이가 초록색으로 보였다.
ㄷ. 파란색 종이를 보았더니 종이가 검은색으로 보였다.
ㄹ. 노란색 종이를 보았더니 종이가 노란색으로 보였다.

(1) 이에 대한 설명으로 옳은 것을 모두 고르세요. [3 점]

① 노란색 셀로판지는 파란색 빛을 통과시키지 못한다.
② 노란색 셀로판지는 빨간색 빛과 초록색 빛은 잘 통과시킨다.
③ 노란색 셀로판지로 흰색 종이를 보면 흰색으로 보일 것이다.
④ 노란색 셀로판지로 사물을 보면 맨눈으로 보는 것보다 어두울 것이다.
⑤ 노란색 셀로판지에 빨간색 빛과 초록색 빛을 동시에 보내면 셀로판지는 빛을 통과시키지 못한다.

(2) 무한이는 학교 축제에서 무한이네 반 친구들이 단체로 맞춘 파란색 티를 입고 빨간색 조명 아래에서 춤을 추는 모습을 봤습니다. 그런데 친구들이 입은 티의 색깔이 파란색으로 보이지 않았습니다. 무한이가 본 티의 색깔은 무슨 색이었을까요? [2 점]

정답 및 해설 / 예시 답안 ··········> P.44

16. 무한이와 상상이는 다음과 같은 실험을 했습니다. 물음에 답해 보세요. (단, 종류와 크기가 같은 물고기를 사용하였으며, 같은 크기의 어항을 창가에 두고 관찰하였습니다.) [6 점]

☐ 유창성
☑ 융통성
☐ 독창성
☑ 정교성

구분	실험	처음 어항에 넣는 물고기의 수 (마리)	먹이	한 달 후 살아있는 물고기의 수 (마리)
무한	어항 (가)	5	주지 않음	5
	어항 (나)	5	2 일에 한 번 줌	5
상상	어항 (다)	2	2 일에 한 번 줌	2
	어항 (라)	20	2 일에 한 번 줌	0

(1) 무한이와 상상이는 무엇을 알아보기 위해 위와 같은 실험을 했을지 써 보세요. [2 점]

무한 :

상상 :

(2) 무한이의 실험에서 먹이를 주지 않은 어항 속의 물고기는 한 달 후에도 살아있습니다. 물고기가 살아 있을 수 있는 이유는 무엇일까요? [2 점]

(3) 상상이의 실험에서 어항 (라) 의 물고기가 한 달 후에 모두 죽은 이유는 무엇일까요? [2 점]

영재교육원 기출

17. 상상이는 오늘 과학 시간에 비밀 상자 안에 들어 있는 물질이 무엇인지 맞추는 게임을 했습니다. 그 물질은 소금, 설탕, 밀가루 중 하나이고, 상상이가 선생님에게 질문하면 선생님은 그 질문에 대해 '네' 라는 답을 해주면서 상자 안의 물질을 맞추는 게임이었습니다. 상상이는 선생님에게 2 개의 질문을 하여 물질이 무엇인지 맞혀야 합니다.

☑유창성
☐융통성
☐독창성
☑정교성

상상이가 비밀 상자 안에 들어있는 물질을 알아내기 위해 한 질문 2 개를 쓰고, 이유를 설명해 보세요. (단, '맛이 짠가요?' 와 같은 오감에 관한 간단한 질문은 할 수 없습니다.) [5 점]

	질문	그 질문을 통해 알아낼 수 있는 점
질문 1		
질문 2		

18. 다음은 벼와 감나무를 나타낸 것입니다. 물음에 답해 보세요. [5 점]

☐ 유창성
☑ 융통성
☐ 독창성
☑ 정교성

▲ 벼

▲ 감나무

(1) 벼와 감나무의 차이점을 다양하게 설명해 보세요. [3 점]

(2) 팬더는 대나무를 주식으로 먹고 생활합니다. 그렇다면 팬더는 나무를 먹고 사는 것일까요? 대나무는 위의 벼와 감나무 중 어느 쪽 식물과 가까운지 쓰고, 이유를 설명해 보세요. [2 점]

2 창의적 문제해결력 과학

19. 무한이는 화단의 흙과 운동장 흙의 물빠짐을 비교하기 위해 다음과 같은 실험을 했습니다. [5 점]

☐ 유창성
☑ 융통성
☐ 독창성
☑ 정교성

[실험 과정]

① 종이컵 두 개에 똑같은 개수와 크기의 구멍을 뚫는다.

② 종이컵 바닥에 거즈를 놓고, 화단의 흙과 운동장 흙을 종이컵에 1/2 씩 채운다.

③ 종이컵을 스탠드의 클램프에 끼워 장치하고, 각각의 종이컵 아래 비어있는 비커를 놓는다.

④ 같은 양의 물을 동시에 각각의 흙에 천천히 붓고, 일정한 시간 동안 나오는 물의 양을 측정한다.

[실험 결과]

(㉠) 은 물빠짐이 느리고, (㉡) 은 물빠짐이 빠르다.

(1) 위의 실험 결과에 대한 설명으로 옳은 것을 모두 고르세요. [3 점]

보기

ㄱ. ㉠ 은 화단의 흙이고, ㉡ 은 운동장 흙이다.
ㄴ. ㉠ 을 담은 종이컵을 통해 나온 물은 맑은 편이다.
ㄷ. 대부분의 식물이 잘 자라는 곳은 ㉠ 이다.
ㄹ. ㉡ 에서는 식물이 자랄 수 없다.

(2) 무한이는 화단의 흙과 운동장의 흙을 비커에 담고 물을 채운 뒤, 유리막대로 저어 보았습니다. 그런데 한 쪽 비커의 물에만 여러 물질이 떠 있는 것을 보았습니다. 그 비커는 화단의 흙과 운동장의 흙 중 어떤 흙을 담은 비커였을까요? 답을 쓰고, 이유를 설명해 보세요. [2 점]

20. 미국 사우스다코다 주 러슈모어산에는 미국 대통령의 얼굴이 조각되어 있는 절벽이 있습니다. 산의 높이는 1,829 m 이며, 북동쪽 바위 위에 조지 워싱턴, 에이브러햄 링컨, 토머스 제퍼슨, 시어도어 루스벨트의 거대한 두상이 조각되어 있습니다. 이 조각들은 약 400 명의 조각가를 동원하여 만든 것으로, 머리에서 턱까지의 길이가 18 m 나 되어 90 km 떨어진 곳에서도 보인다고 합니다.

- ☐ 유창성
- ☑ 융통성
- ☐ 독창성
- ☐ 정교성

미국 대통령의 얼굴이 조각된 이 바위는 화강암으로 이루어져 있다고 합니다. 아래의 그림이 지각에서의 화산 분출 모형이라고 할 때, 이러한 화강암은 아래의 기호 중 어디서 만들어진 것인지 고르고, 만들어진 곳과 관련지어 특징을 설명해 보세요. [5 점]

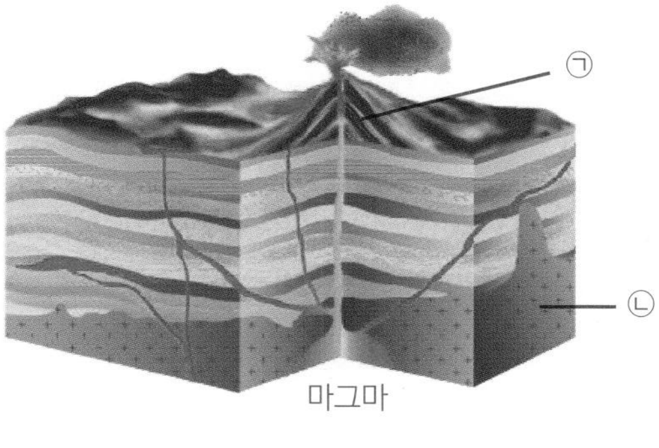

▲ 지각에서의 화산 분출 모형

2 창의적 문제해결력 과학

21. 무한이는 싸인펜 A 와 B 에 들어 있는 색소를 분리하기 위해 두 개의 분필에 각각 싸인펜 A 와 B 로 점을 찍은 후, 물이 담긴 접시에 세워 놓았습니다. 다음 실험 결과를 보고, 물음에 답해 보세요. [5 점]

- ☐ 유창성
- ☑ 융통성
- ☑ 독창성
- ☐ 정교성

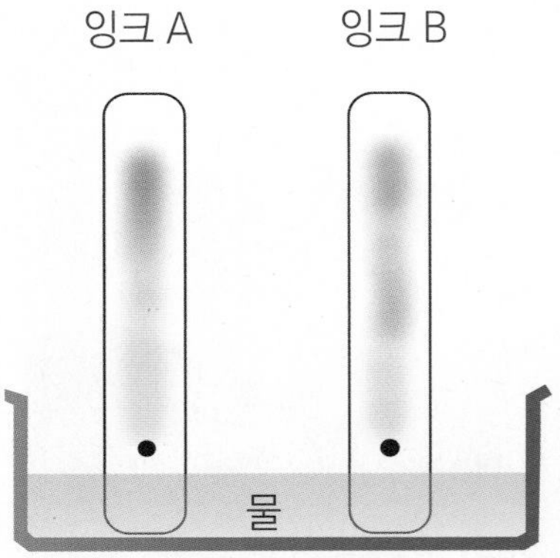

(1) 실험 결과와 같이 사인펜의 잉크가 여러 색소로 분리되는 이유가 무엇일까요? [3 점]

(2) 네덜란드의 황금시대인 17 세기를 대표하는 화가들은 물감을 기름에 섞어서 사용하는 유화를 즐겨 그렸습니다. 그런데 이 유화를 흉내 내는 가짜 그림이 등장해 진짜 그림과 나란히 미술관에 걸린 적도 있다고 합니다. 내가 만약 그림 감정가라면 여러 유화 중 진짜 그림과 가짜 그림을 구별할 수 있는 방법을 제시해 보세요. [2 점]

정답 및 해설 / 예시 답안 > P.49

22. 사막의 환경은 건조하여 물이 매우 적고, 풀과 나무가 많지 않아 먹이가 부족합니다. 또한, 낮에는 기온이 높고, 밤에는 기온이 낮아 춥습니다. 이러한 사막의 환경을 생각하여 아래의 동물들은 사막에서 어떻게 잘 살 수 있는지 이유를 설명해 보세요. [6 점]

- ☐ 유창성
- ☑ 융통성
- ☐ 독창성
- ☑ 정교성

동물	먹이	사막에서 잘 살 수 있는 이유
 ▲ 야생 낙타	나무와 풀의 가지나 잎, 열매	
 ▲ 온몸이 딱딱한 껍데기로 되어 있는 전갈	개미, 지네와 같은 작은 곤충과 거미	
 ▲ 넙적 다리에 돌기가 있는 거북이	풀의 가지나 잎, 열매	

2 창의적 문제해결력 과학

23. 무한이는 다음과 같이 물체에 빛을 비추었을 때 그림자가 생기는지 알아보기 위해 실험을 했습니다. 손전등, 컵, 두꺼운 종이를 순서대로 두고, 손전등으로 컵을 A 방향, B 방향, C 방향에서 각각 비춘 뒤 그림자를 관찰했습니다. [6 점]

☐ 유창성
☑ 융통성
☐ 독창성
☑ 정교성

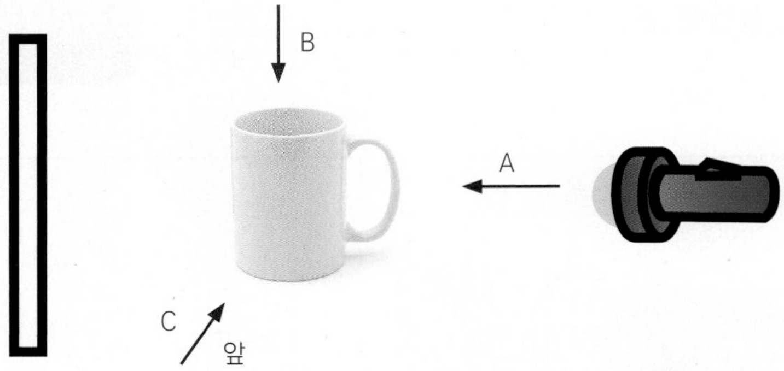

(1) 무한이가 각각의 방향에서 손전등을 비췄을 때 나타나는 그림자의 모양을 표 안에 그려 보세요. [3 점]

A 방향	B 방향	C 방향

(2) 무한이가 컵을 유리컵으로 바꾸고, 같은 거리의 A 방향, B 방향, C 방향에서 각각 빛을 비춘다면 그림자에는 어떤 변화가 생길까요? 답을 쓰고, 그렇게 생각한 이유를 설명해 보세요. [3 점]

정답 및 해설 / 예시 답안 ············> P. 50

24. 다음 그림의 초파리는 알로 태어나 애벌레와 번데기 과정을 거쳐 성충이 되는 한살이 과정을 거칩니다. 그림을 보고, 이러한 초파리는 무엇을 먹고 살지 과학적 추리 방법에 맞게 표를 채워 보세요. [4 점]

- ☐ 유창성
- ☑ 융통성
- ☐ 독창성
- ☐ 정교성

▲ 초파리

과학적 추리 방법이란?

① 추리할 때에는 대상을 다양하게 관찰하고, 이를 바탕으로 추리해야 합니다.

② 관찰한 것을 내가 알고 있는 내용이나 과거 경험과 관련지어 추리하면 더 과학적인 추리를 할 수 있습니다.

③ 추리한 내용이 관찰 결과를 모두 설명할 수 있어야 합니다.

관찰	알고 있는 내용이나 과거 경험

추리한 내용
⇨

2 창의적 문제해결력 과학

25. 상상이는 그림과 같이 스탠드에 길이가 다른 숟가락을 같은 높이에 매달고 여러 방법으로 두드린 후, 소리를 들어 보는 실험을 했습니다. [6 점]

- ☐ 유창성
- ☑ 융통성
- ☐ 독창성
- ☑ 정교성

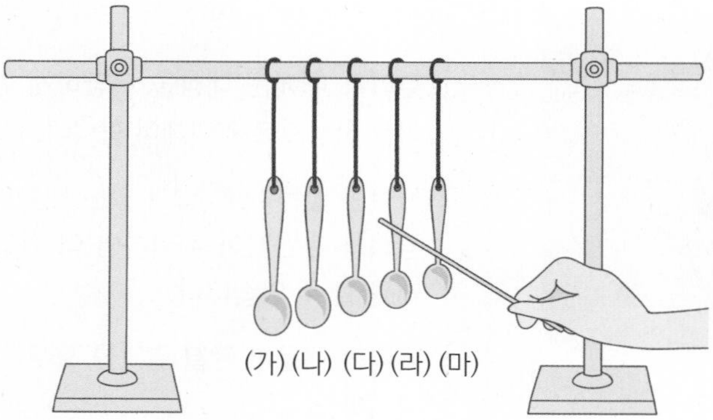

숟가락을 두드리는 방법

① 각각의 숟가락을 쇠젓가락으로 세게 두드린다.

② 각각의 숟가락을 쇠젓가락으로 약하게 두드린다.

③ (가) 의 숟가락을 쇠젓가락으로 두드린다.

④ (마) 의 숟가락을 쇠젓가락으로 ③ 번과 같은 세기로 두드린다.

(1) 다음을 비교하려면 위의 숟가락을 두드리는 방법 중 몇 번과 몇 번을 비교해야 하는지 써 보세요. [3 점]

㉠ 큰 소리와 작은 소리 (　　　　　　　　)

㉡ 높은 소리와 낮은 소리 (　　　　　　　　)

(2) 여름에 수영장이나 바다에 놀러 가면 안전 요원이 있습니다. 안전 요원은 우리가 깊은 곳으로 가거나 물에서 심하게 장난을 칠 때 호루라기를 불어 위험함을 알려줍니다. 호루라기는 입으로 부는 부분인 취구와 울림통 그리고 위의 구멍에서는 소리가 들립니다. 호루라기를 불어 위험을 더욱 확실하게 알리기 위해서는 호루라기 울림통의 크기를 어떻게 만드는 것이 좋을까요? [3 점]

정답 및 해설 / 예시 답안 ··········> P. 52

26. 다음은 무한이와 상상이가 대화를 하고 있습니다. 대화를 읽고, 물음에 답해 보세요. [4 점]

☐ 유창성
☑ 융통성
☐ 독창성
☑ 정교성

무한 : 와, 진짜 멋지다.

상상 : 뭐가 그렇게 멋지다는 거야?

무한 : 저기 TV 에 나오고 있는 새 좀 봐. 하늘을 가르며 엄청 빠르게 날고 있는 모습이 멋있지 않니? 그런 무시무시한 속도에 비해 얼굴은 다른 새에 비해 귀엽게 생겼다.

상상 : 아~ 네가 보고 있는 새가 매라는 새야. 세상에서 가장 빠른 새래. 매는 오리나 비둘기처럼 작은 새를 먹고 사는데 사냥을 할 때 사냥감들이 매의 접근을 알아채기도 전에 낚아채서 뜯어 먹거나 찢어 먹는대. 내 생각에 매는 멋있기보다는 무서운데....

무한 : 우와, 그러면 매의 부리는 ( ).

(1) 무한이의 마지막 말 빈칸에 들어갈 말로 매의 부리가 가지는 특징을 써 보세요. (많이 쓸수록 점수는 높아집니다.) [2 점]

(2) 열대 지방의 숲이나 덤불에서 서식하는 벌새는 벌과 닮아 있어 붙여진 이름입니다. 벌새는 작은 열매를 먹거나 꽃 속의 꿀을 빨아 먹으며 생활할 수 있는 부리를 가지고 있습니다. 벌새의 부리와 닮아 있는 생활 속 도구를 부리의 특징과 연관 지어 1 가지 설명해 보세요. [2 점]

2 창의적 문제해결력 과학

27. 다음은 946년, 엄청난 폭발을 일으킨 백두산에 관한 내용입니다. 글을 읽고, 물음에 답해 보세요. [5 점]

☑유창성
☑융통성
☐독창성
☐정교성

백두산은 높이가 2,744 m 로 매우 높은 산이다. 화산 활동으로 만들어진 백두산은 산꼭대기가 1 년 중 8 개월 이상 눈에 덮여 희게 보이기 때문에 붙여진 이름이다. 백두산 꼭대기에 있는 호수를 천지라고 하는데, 그 호수는 많은 물로 가득 차 있지만 아주 먼 옛날에는 화산 활동으로 무서운 용암을 내뿜던 분화구였다.

▲ 백두산

백두산은 활화산으로 앞으로 또다시 폭발할 가능성이 크다고 한다. 2002 년부터 백두산 지역에서 작은 지진들이 잇달아 발생하고 있다. 백두산 분화구에서 말라 죽은 나무들도 관찰되었는데, 과학자들은 땅속 마그마에 녹아 있던 화산 기체가 밖으로 빠져나와 나무를 죽였다고 한다. 또한, 백두산 천지 근처에 있는 온천의 온도가 60 °C 에서 83 °C 까지 오르내리기도 한다. 이것은 백두산 땅속에 서울 면적의 두 배 크기의 마그마가 살아 있다는 증거이다.

(1) 내가 처음 간 지역에 있는 산이 화산 활동을 한 적이 있거나 앞으로 다시 화산 활동을 할 것이라고 예상할 수 있는 점을 2 가지 이상 써 보세요. [2 점]

(2) 백두산은 과거에 화산 활동을 했고, 여전히 땅속에 마그마가 움직이고 있다고 합니다. 그런데 백두산의 꼭대기는 어떻게 1 년 중 8 개월 이상 눈으로 덮여 있을 수 있을까요? 그 이유를 설명해 보세요. [3 점]

정답 및 해설 / 예시 답안 ············> P. 53

28. 우리 주변에는 사람의 기분을 좋지 않게 만들거나 건강을 해칠 수 있는 소음이 많이 발생하고 있습니다. 다음은 소음이 발생할 수 있는 주변 환경을 그림으로 나타낸 것입니다. [4 점]

- ☐ 유창성
- ☑ 융통성
- ☐ 독창성
- ☐ 정교성

(1) 그림 속에서 소음 때문에 귀를 막고 있는 사람이 나라면, 왜 주변의 소리를 소음으로 느끼는지 이유를 써 보세요. [2 점]

(2) 위 그림에서 소음을 줄일 수 있는 방법을 설명해 보세요. [2 점]

2 창의적 문제해결력 과학

29. 다음은 액체의 부피를 눈금을 매겨서 측정할 수 있는 도구 3 가지를 나타낸 것입니다. 물음에 답해 보세요. [6 점]

☐ 유창성
☑ 융통성
☐ 독창성
☑ 정교성

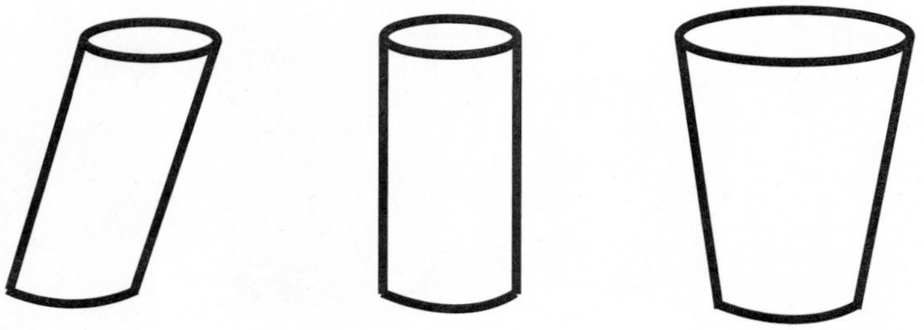

(가) (나) (다)

(1) 위의 3 가지 도구에 대한 설명으로 옳은 것을 모두 고르세요. (단, 모든 도구의 밑면적은 같습니다.) [3 점]

① (가) 에 액체를 담으면 액체의 높이와 담긴 액체의 부피는 비례한다.
② (다) 의 도구에 새기는 눈금의 간격은 위로 갈수록 넓어진다.
③ (가) 와 (나) 의 도구에 새기는 눈금의 간격은 일정해야 한다.
④ 액체의 양이 많아질수록 가장 넘어지기 쉬운 도구는 (다) 이다.
⑤ (가) 와 (나) 의 도구에 담긴 액체의 높이가 같으면 부피도 같다.

(2) 액체는 담는 그릇에 따라 모양이 바뀌므로 실험 도구를 사용하여 부피를 측정할 수 있습니다. 일정한 모양을 갖는 고체는 공식을 이용하여 부피를 구할 수 있지만, 불규칙한 모양을 가진 고체는 공식을 이용하기 어렵습니다. 그런데 아르키메데스는 모양이 불규칙한 왕관의 부피를 측정하고 '유레카' 라고 외친 인물로 알려져 있습니다. 그렇다면 아르키메데스는 어떻게 왕관의 부피를 측정할 수 있었을까요? 그 방법을 설명해 보세요. [3 점]

30. 혜원이는 미술에 관심이 많아 주변 물체가 어떤 색을 나타내고 있는지 관찰하고, 그 물체의 색을 맞추는 것을 좋아했습니다. 다음 물음에 답해 보세요 [5 점]

☐ 유창성
☑ 융통성
☐ 독창성
☑ 정교성

(1) 어느 날 혜원이는 엄마를 따라 옷 가게에 가서 옷의 색깔을 맞추며 놀고 있었습니다. 그런데 갑자기 가게의 점원이 노란 등을 켰고, 혜원이는 놀랐습니다. 처음에 파란색으로 보였던 드레스가 다른 색으로 보였기 때문입니다. 가게에 노란 등이 켜졌을 때, 혜원이가 본 드레스의 색은 무슨 색이었을까요? 답을 써 보세요. [2 점]

(2) 혜원이는 옷 가게를 돌아다니다가 어떤 원피스의 한쪽이 물에 젖은 것을 보았습니다. 그런데 원피스에서 물에 젖은 부분의 색이 짙어져 있었습니다. 왜 옷이 물에 젖으면 색이 짙어지는지 이유를 설명해 보세요. [3 점]

2 창의적 문제해결력 과학

31. 무한이는 다음과 같이 온도를 측정하기 위한 간이 온도계를 만들었습니다. 물음에 답해 보세요.

- ☐ 유창성
- ☑ 융통성
- ☐ 독창성
- ☑ 정교성

준비물 : 작은 플라스틱병, 유리컵, 고무찰흙, 파란색 물감, 물, 빨대, 종이

① 빨대와 종이에 유성 펜으로 적당한 간격의 눈금을 그린 후 종이에 빨대를 끼운다.

② 유리컵에 물과 파란 물감을 넣고, 잘 섞어준다.

③ 작은 플라스틱병의 2/3 높이까지 ② 번의 용액을 넣고, 빨대를 꽂은 다음 공기가 새지 않도록 병 주둥이를 고무찰흙으로 잘 막는다.

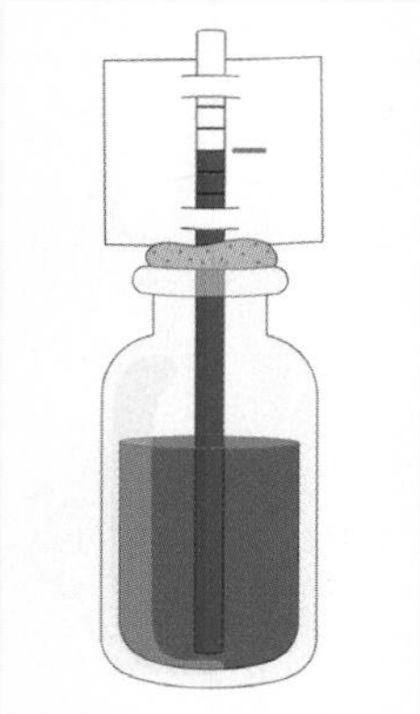

무한이가 만든 간이 온도계를 얼음물과 따뜻한 물에 각각 넣었을 때, 빨대 속의 용액이 올라가는지 내려가는지 쓰고, 이유를 설명해 보세요. [5 점]

	빨대 속의 용액 변화	이유
얼음물에 넣었을 때		
따뜻한 물에 넣었을 때		

정답 및 해설 / 예시 답안 ··········> P. 55

32. 혜원이는 완두콩을 재배하는 할아버지의 밭에 놀러 가서 완두콩 씨를 심는 것을 돕기로 했습니다.

- ☐ 유창성
- ☑ 융통성
- ☐ 독창성
- ☐ 정교성

할아버지는 씨앗을 심기 전에 혜원이에게 "완두콩 씨앗의 크기를 보고, 씨앗 크기의 2 ~ 3 배 정도의 깊이로 씨앗을 심어야 한다." 라고 말했습니다. 씨앗이 싹트는 데 필요한 조건을 생각하여 할아버지가 왜 깊이를 생각하여 심어야 한다고 말했을지 설명해 보세요. [4 점]

2 창의적 문제해결력 과학

33. 음향 측심법은 바다의 표면에서 초음파를 보내 바다 밑의 땅에 반사되어 돌아오기까지의 시간을 재어 수심을 측정하는 방법입니다. 다음은 어느 바다에서 음향 측심법을 이용하여 A ~ D 지점에서 초음파의 왕복 시간을 측정한 자료를 나타낸 것입니다. 물음에 답해 보세요. [6 점]

- ☑ 유창성
- ☑ 융통성
- ☐ 독창성
- ☐ 정교성

관측 지점	A	B	C	D	E
왕복 시간 (초)	3	4	8	4	5

(1) A ~ D 중 수심이 가장 얕은 곳은 어디인가요? [2 점]

(2) 위의 표에서 바다가 제일 깊은 곳의 깊이는 얼마인지 그 값을 계산해 보세요. (단, 바닷속에서 초음파의 속도는 1 초에 약 1,500 m 를 지나간다고 가정합니다.) [2 점]

(3) 바다의 깊이를 측정할 수 있는 또 다른 방법에는 무엇이 있을지 1 가지 이상 써 보세요. [2 점]

정답 및 해설 / 예시 답안 ············> P. 56

34. 영재의 친구들은 영재네 집에서 다 같이 모여 라면을 끓여 먹기로 했습니다.

- ☐ 유창성
- ☑ 융통성
- ☐ 독창성
- ☐ 정교성

영재는 친구들에게 라면을 끓여주기 위해 먼저 물을 넣은 냄비를 가스레인지 위에 올려놓았습니다. 냄비 안의 물은 점점 끓으면서 작은 기포가 조금씩 생기다가 큰 기포가 연속해서 생겼고, 그 기포들은 물 표면 위로 올라와 터져 표면이 울퉁불퉁해졌습니다. 물이 끓는 동안 물속에서 이러한 기포들은 왜 생기는 걸까요? 이유를 설명해 보세요. [4 점]

2 창의적 문제해결력 과학

35 다음은 강의 폭이 넓고 물의 흐름이 느린 강의 중류에서 볼 수 있는 곡류 지형이 생성되는 과정을 그림으로 나타낸 것입니다. 물음에 답해 보세요. [5 점]

- ☐ 유창성
- ☑ 융통성
- ☐ 독창성
- ☑ 정교성

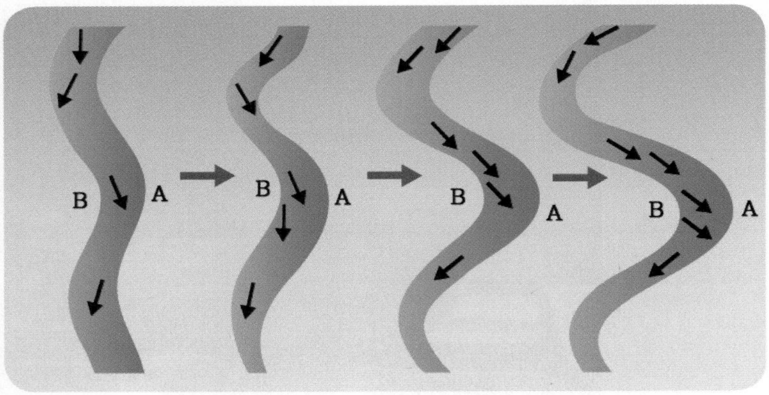

(1) 강물이 흐르면서 A 와 B 에서 일어나는 작용을 써 보세요. [2 점]

(2) 중류에서 볼 수 있는 또 다른 지형으로 우각호가 있습니다. 우각호는 곡류 지형과 어떤 연관이 있는지 설명해 보세요. [3 점]

36. 동물들은 스스로 살아남기 위해 몸 구조나 생활 방식이 주위 환경에 적합하거나 환경에 맞게 진화하였습니다. 다음 물음에 답해 보세요.

- ☑ 유창성
- ☐ 융통성
- ☐ 독창성
- ☑ 정교성

나무늘보는 나무에서 매우 느리게 움직인다고 해서 나무늘보라는 이름을 가지고 있습니다. 이들은 근육량이 적어서 에너지 소모량도 적고 먹는 양도 적습니다. 나무늘보가 스스로 나무에서 내려올 때는 배설할 때인데, 그것도 일주일에 한 번 정도입니다. 이렇게 항상 느리게 움직이는 나무늘보는 야생에서 어떻게 살아남아 있는 것일까요? 나무늘보가 생존할 수 있는 이유를 써 보세요. (많이 쓸수록 점수는 높아집니다.) [5 점]

2 창의적 문제해결력 과학

37. 무한이와 상상이는 학교에서 우화 '토끼와 거북이' 그림자 연극에 참여하게 되었습니다. 무한이는 토끼의 역할을 맡고, 상상이는 거북이의 역할을 맡아서 각자 토끼와 거북이의 종이 모형을 만들었습니다. 학교에서는 다음과 같은 스크린에서 연극을 하기로 했습니다. 물음에 답해 보세요. [6 점]

- ☐ 유창성
- ☑ 융통성
- ☑ 독창성
- ☑ 정교성

(1) 빛과 스크린, 종이 모형으로 그림자 연극을 할 수 있는 이유는 무엇일까요? [3 점]

(2) 무한이와 상상이는 연극을 하기 전에 각각의 내용을 어떻게 그림자로 표현할지 계획하기로 했습니다. 무한이와 상상이가 각 부분을 어떻게 계획했을지 그림자의 모양이나 크기를 변화시키는 방법을 떠올려 표를 알맞게 채워 보세요. [3 점]

	그림자 표현
토끼와 거북이가 나란히 서서 달리기 시합을 해보자고 이야기 하고 있는 모습	예시) 빛으로부터 같은 거리에 토끼와 거북이 종이 모형을 둔다.
토끼가 낮잠을 자고 있을 때, 거북이가 토끼보다 앞질러 있는 모습	
토끼가 뒤늦게 거북이를 따라가는 모습	

정답 및 해설 / 예시 답안 ....> P. 58

38. 영재는 오늘 과학 시간에 고체와 액체, 기체의 성질에 대해 배웠습니다. 물음에 답해 보세요. [6 점]

- ☐ 유창성
- ☑ 융통성
- ☐ 독창성
- ☑ 정교성

(1) 영재와 상상이는 화단의 흙과 운동장의 흙을 비교하는 내용을 배우기 위해 운동장의 흙을 지퍼백에 담아오라는 숙제를 받았습니다. 영재는 지퍼백에 모래가 섞인 운동장의 흙을 담으면서 상상이에게 "모래가 지퍼백에 넣을 때마다 모양이 변하네. 근데 모래가 왜 고체지?" 라고 말했습니다. 영재의 물음에 대해 상상이는 답을 해주었습니다. 상상이가 뭐라고 대답했을지 써 보세요. [3 점]

(2) 긴 고무풍선을 한 쪽 방향으로 비틀면 긴 고무풍선 1 개가 방울 모양 2 개로 나누어집니다. 비틀기 전의 풍선과 비틀고 난 후의 방울 모양의 풍선을 만져보면 비틀고 난 후의 방울 모양의 풍선이 더 팽팽하다는 것을 느낄 수 있습니다. 그 이유에 대해 설명해 보세요. [3 점]

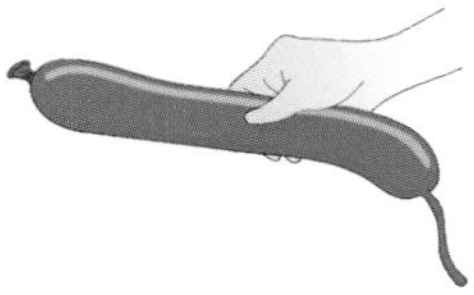
▲ 비틀기 전

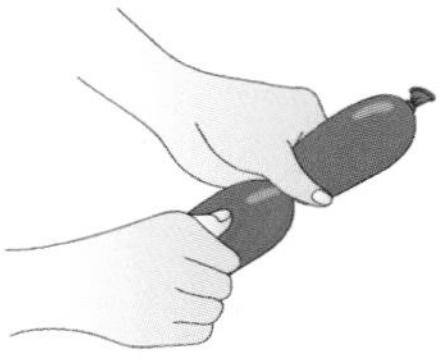
▲ 비틀고 난 후

2 창의적 문제해결력 과학

39. 무한이네 집은 오늘 고구마 맛탕을 만들어 먹기로 했습니다. 다음 물음에 답해 보세요. [5 점]

☑유창성
☑융통성
□독창성
□정교성

(1) 무한이는 엄마가 고구마 맛탕을 요리하려고 기름을 가열하다가 달궈진 프라이팬 위로 불이 붙은 것을 보았습니다. 무한이는 물이 불을 끌 수 있다고 알고 있었기 때문에 엄마에게 수도꼭지를 틀고 프라이팬을 빨리 그쪽으로 옮기라고 말했습니다. 그러자 불꽃은 더욱 커지고, 기름이 여기저기로 튀면서 부엌 전체가 기름 얼룩으로 뒤덮였습니다. 왜 이런 일이 발생했을까요? [3 점]

(2) 기름이 있는 프라이팬에 붙은 불을 끌 수 있는 방법에는 무엇이 있을지 2 가지 이상 써 보세요. [2 점]

정답 및 해설 / 예시 답안 ············> P. 60

40. 다음 스카이다이버에 대한 내용을 읽고, 물음에 답해 보세요. [5 점]

☐ 유창성
☑ 융통성
☐ 독창성
☐ 정교성

스카이다이버들이 하늘에서 떨어지면서 낙하산을 펼치면 다치지 않고 땅으로 내려올 수 있는 이유는 무엇일까? 바로 공기 저항력 때문이다. 스카이다이버들이 비행기에서 뛰어내리면 지구가 잡아당기는 ㉠ (   ) 을 받아 밑으로 떨어지면서 속도가 빨라진다. 이때 낙하산을 펼치면 속도가 순식간에 느려지는데 이것은 낙하산의 넓은 면적으로 공기의 저항력을 받기 때문이다. 공기 저항력은 떨어지는 물체의 속도가 빠를수록, 표면적이 클수록 크다.

(1) 다음 ㉠ 에 들어갈 힘은 무엇일까요? [2 점]

(2) 낙하산을 펴지 않고, 스카이다이버가 공중에서 속도를 느려지게 하거나 빨라지게 할 수 있는 방법을 글을 참고하여 써 보세요. [3 점]

2 창의적 문제해결력 과학

41. 상상이는 빛에 대해 알아보기 위해 다음과 같이 구멍을 두 개 뚫고, 안쪽에 거울을 붙인 상자를 준비하였습니다. 상상이는 A 구멍으로 LED 손전등의 빛이 거울 쪽을 향하도록 비췄습니다. [5 점]

☐ 유창성
☑ 융통성
☐ 독창성
☑ 정교성

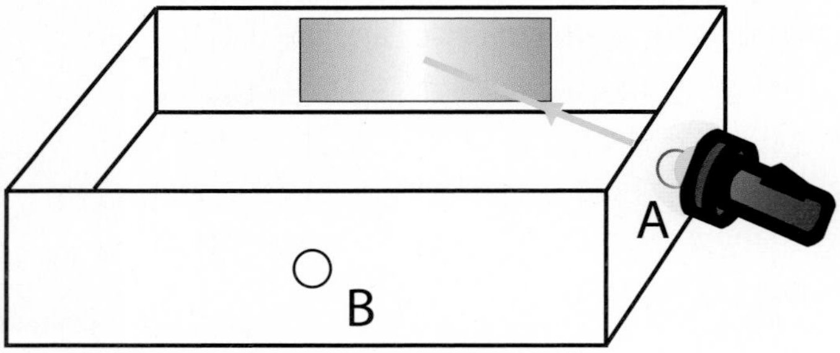

(1) 상상이는 B 구멍을 통해 거울을 관찰하였습니다. 상상이는 B 구멍을 통해 A 로부터 비춘 빛을 거울 속에서 관찰할 수 있었을까요? 답을 쓰고, 이유를 설명해 보세요. [3 점]

(2) 이 실험과 관련 있는 현상을 <u>모두</u> 고르세요. [2 점]

① 하늘이 파랗게 보인다.
② 시력이 나쁘면 안경을 낀다.
③ 손전등의 빛이 곧게 나아간다.
④ 물속에 젓가락을 넣었을 때, 젓가락이 꺾여 보인다.
⑤ 거울 앞에서 움직이면 거울로 내 움직임을 볼 수 있다.

정답 및 해설 / 예시 답안 ···········> P. 61

42. 다음 늑대에 관한 내용을 읽고, 물음에 답해 보세요.

☐ 유창성
☑ 융통성
☐ 독창성
☐ 정교성

늑대는 인간처럼 결속된 집단생활을 하는 사회적 동물이다. 많으면 15 마리의 늑대가 한 집단을 이루고 산다. 늑대는 길게 울부짖는 소리가 특징인데, 3 ~ 11 초가량 지속되며 이를 이용해 9.6 ~ 11.2 km 떨어져 있는 개체와도 의사소통을 할 수 있다. 이러한 늑대의 울음소리는 새끼를 낳고 키우는 것에서부터 사냥감을 잡는 생존과 번식을 가능하게 한다. 울음소리로 사냥을 나갔다가 복귀하는 동료들을 위해 무리의 위치를 알려주거나 몸집이 거대한 사냥감을 잡기 위해 지원군을 요청하기도 한다. 짝짓기 철에는 수컷 늑대가 울음소리로 암컷을 유혹한다.
늑대들은 한 마리의 늑대가 울기 시작하면 다른 늑대들도 그 울음소리를 듣고 따라 울기 시작하는 본능을 가지고 있다. 이러한 울음소리 하모니를 통해 무리의 규모를 속여 주위에 있는 다른 늑대 무리나 다른 동물의 공격을 예방하고, 드넓은 지대를 장악하여 식량을 확보한다.

늑대가 드넓은 지대가 자신의 영역임을 알리기 위해 내는 울음소리는 저음의 긴 울음소리일까요? 고음의 짧은 울음소리일까요? 또한, 낮과 밤중 주로 언제 낼까요? 각각의 질문에 대한 답과 이유를 표 안에 알맞게 써 보세요. (단, 소리는 속력이 빠른 곳에서 느린 곳으로 굴절됩니다.) [6 점]

	답	이유
저음의 긴 울음소리일까요? 고음의 짧은 울음소리일까요?		
낮일까요? 밤일까요?		

43. 다음 글을 읽고, 물음에 답해 보세요.

☑유창성
☑융통성
☐독창성
☐정교성

매일 깨끗이 씻어도 우리가 입는 옷에서 안 좋은 냄새가 나면 사람들에게 불쾌감을 줄 수 있다. 특히 고기를 먹고 난 후에는 옷에서 냄새가 난다. 고기의 성분은 대부분 단백질이다. 고기를 구울 때 단백질이 열에 의해 타면서 나오는 연기 속에는 분자의 크기가 큰 여러 가지 화학 물질들이 섞여 있다. 화학 물질 분자들이 옷 섬유 사이사이의 빈 공간으로 들어가 섬유 분자와 인력이 작용하여 붙게 되면 옷에서 냄새가 나는 것이다. 한 번 붙은 화학 물질 분자들은 섬유질에서 쉽게 떨어지지 않으므로 냄새가 지속된다.

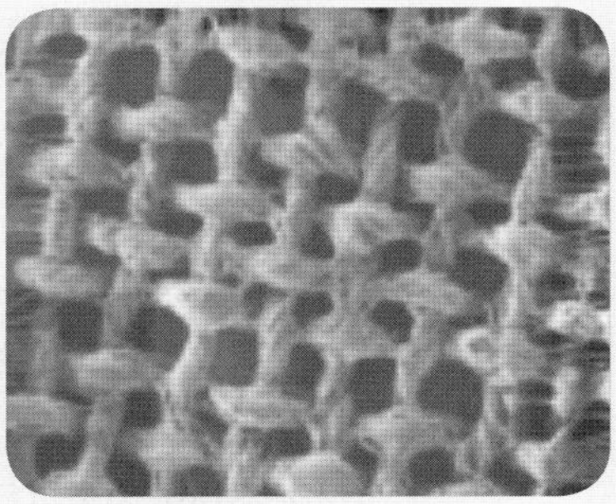
▲ 옷의 섬유

점심시간에 사람이 많은 식당에서 밥을 먹고 난 후에 식당에서 나오면 옷에서 냄새가 나는 것을 느낀 적이 있을 것입니다. 이 냄새는 꽤 오랫동안 지속되어 신경이 쓰이므로 냄새를 제거해야 합니다. 옷에서 냄새를 제거하는 방법을 가능한 많이 써 보세요. (많이 쓸수록 점수는 높아집니다.) [5 점]

44. 무한이는 학교 과학실에서 여러 개의 고리 자석을 막대에 끼워 넣어 탑을 쌓으며 놀고 있었습니다. 다음 물음에 답해 보세요. [5 점]

☐ 유창성
☑ 융통성
☐ 독창성
☑ 정교성

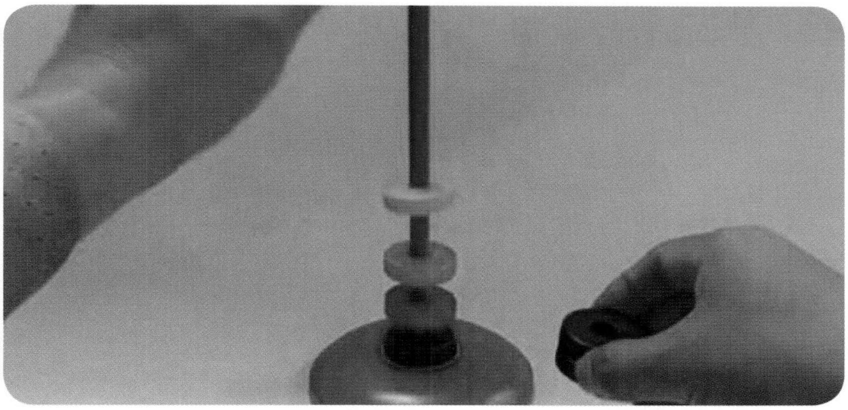

(1) 무한이가 고리 자석 5 개를 이용하여 가장 높은 탑을 쌓기 위해서는 막대에 고리 자석을 어떤 방향으로 끼워 넣어야 할지 써 보세요. [2 점]

(2) 무한이가 탑을 쌓을 때 쓴 고리 자석의 자기력선은 어떻게 형성될까요? 다음 그림은 고리 자석을 위와 옆에서 본 모습을 나타낸 것입니다. 옆에서 본 모습을 나타낸 그림에 고리 자석의 극을 표시하고, 자기력선을 그려 보세요. (답이 될 수 있는 2 가지 경우에 1 가지만 맞게 그리면 답으로 인정됩니다.) [3 점]

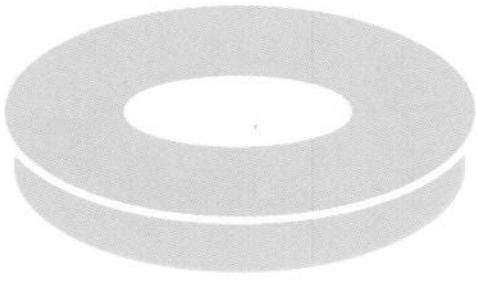

▲ 고리자석

▲ 고리자석을 옆에서 본 모습

2 창의적 문제해결력 과학

45. 무한이와 영재는 같은 반 짝꿍입니다. 무한이는 쉬는 시간에 물통에 담아온 물을 자리에 앉아서 먹다가 옆자리인 영재의 책에 실수로 모두 쏟아 책이 쭈글쭈글해졌습니다. 무한이는 빨리 햇빛이 있는 곳에 두고 말리자고 했지만, 영재는 그렇게 해도 책이 원상태로 돌아오지 않을 것이라고 말하며 더 효과적인 방법을 말해주었습니다.

□ 유창성
☑ 융통성
☑ 독창성
□ 정교성

영재가 말해준 방법은 무엇일지 쓰고, 이유를 설명해 보세요. [5 점]

정답 및 해설 / 예시 답안 ············> P.63

46. 사람들은 여름에 꽃을 구경하러 갔다가 벌의 소리를 듣고 놀라는데, 이것은 벌의 날갯짓에 의해 소리가 들리는 것입니다. 다음 표는 곤충들의 날갯짓 횟수를 나타낸 것입니다. 표를 보고 물음에 답해 보세요. [5 점]

- ☐ 유창성
- ☑ 융통성
- ☐ 독창성
- ☐ 정교성

곤충 종류	1 초당 진동하는 날개짓 수
잠자리	30 번
파리	300 번
벌	440 번
모기	550 번

(1) 곤충의 날갯짓에 의해 소리가 들리는 이유는 무엇일까요? [3 점]

(2) 무한이는 밤에 자려고 누웠을 때, 귓가를 지나가는 곤충들의 소리가 잠을 깨워 그 소리를 싫어합니다. 특히 파리보다 모기가 지나가는 소리가 잘 들려서 더 싫어한다고 하는데, 그 이유가 무엇일지 위의 표를 참고하여 설명해 보세요. [2 점]

47. 영재는 우리 주변의 물체들이 여러 가지 물질로 이루어져 있다는 것을 배우고 나서, 다음과 같이 벤다이어그램을 그렸습니다. 물음에 답해 보세요. [5 점]

☑ 유창성
☐ 융통성
☐ 독창성
☑ 정교성

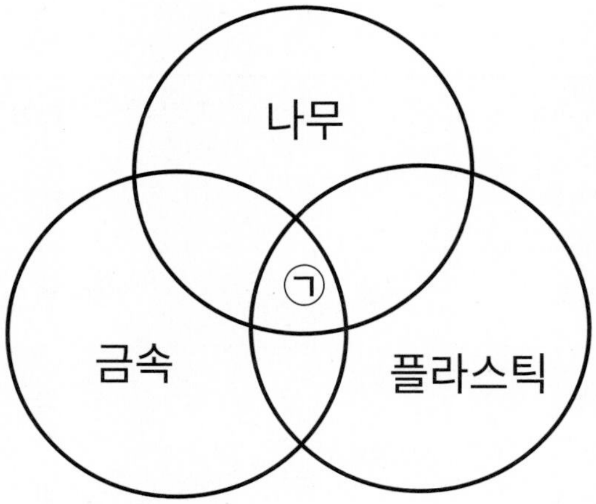

(1) 영재가 그린 벤다이어그램에서 ㉠ 에 들어갈 물체를 2 가지 이상 써 보세요. [2 점]

(2) 영재는 가족들과 캠핑을 가기로 했습니다. 엄마가 영재에게 김치를 담아갈 그릇을 꺼내오라고 말했다면 영재는 나무, 금속, 플라스틱으로 만든 그릇 중 어떤 그릇을 선택할지 쓰고, 선택한 이유를 써 보세요. [3 점]

정답 및 해설 / 예시 답안 ⋯⋯⋯> P. 64

□ 유창성
☑ 융통성
□ 독창성
☑ 정교성

48. 상상이는 투명한 세 개의 비커에 200 mL 의 물을 넣고 (가) 에는 소금을, (나) 에는 코코아를, (다) 에는 미숫가루를 약숟가락으로 한 숟가락씩 넣고, 유리막대로 잘 저어 주었습니다. 물음에 답해 보세요. [5 점]

(가) 소금 + 물　　(나) 코코아 + 물　　(다) 미숫가루 + 물

(1) 이에 대한 설명으로 옳은 것을 모두 고르세요. [2 점]

① (가) 는 거름종이에 걸러도 걸러지는 것이 없다.
② (가) 를 하루 정도 가만히 놓아두면 아랫부분이 윗부분보다 더 짜다.
③ (나) 의 비커 뒤에 작은 비커를 놓으면 보이지 않는다.
④ (다) 를 가만히 놓아두면 윗물은 점점 맑아진다.
⑤ (다) 를 하루 정도 가만히 놓아두면 가루가 모두 물에 녹는다.

(2) 상상이가 (가) 비커에 소금만 계속 넣어준다면, 비커에서는 어떤 변화가 일어날지 써보세요. [3 점]

2 창의적 문제해결력 과학

49. 다음은 상상이가 가족 여행을 다녀와서 쓴 일기 내용 중 일부입니다. [5 점]

☐ 유창성
☑ 융통성
☐ 독창성
☑ 정교성

2019 년 8 월 2 일

나는 오늘 부모님과 바다에 놀러 갔다. 아빠는 그 바다에 엄청난 절벽이 있다고 말씀하셨다. 나는 바다로 가는 동안 그 절벽이 어떤 모습일지 궁금해했다. 내가 도착한 바다에는 파도가 크게 치고 있었고 아빠가 말한 대로 정말 코끼리의 코 모양처럼 생긴 큰 절벽이 있었다. 그 절벽 옆으로는 큰 바위 한 덩어리가 혼자 떨어져 있었다. 마치 누군가 바위 한 덩어리를 바다에 던져 놓은 것 같았다. 또 다른 절벽은 코끼리 코 모양으로 조각해 놓은 것 같아서 아빠에게 이 절벽을 누가 만든 것이냐고 물어봤다. 그러자 아빠는 "바다가 만들었단다." 라고 하며, 자연의 위대함에 놀라워하셨다. 우리 가족은 그 절벽 앞에서 많은 사진을 찍었다.

(1) 아빠는 왜 코끼리 코 모양의 절벽을 바다가 만들었다고 말했을지 이유를 써 보세요. [3 점]

(2) 무한이가 본 절벽 주변에서 볼 수 있는 또 다른 지형에는 무엇이 있을까요? [2 점]

50. 물에서 생활하는 동물들은 서로 다른 종류의 동물이지만 비슷한 생김새를 가지고 있습니다. 그 이유는 물속이라는 같은 환경에서 생활하기 때문입니다. 다음 물음에 답해 보세요. [5 점]

- ☐ 유창성
- ☑ 융통성
- ☐ 독창성
- ☐ 정교성

(1) 다음은 돌고래와 상어를 나타낸 것입니다. 이들의 공통점을 3 가지 이상 써 보세요. [2 점]

▲ 돌고래

▲ 상어

(2) 다음은 물속에서 생활하는 개구리, 악어, 하마의 모습을 나타낸 것입니다. 이들은 모두 물속에서 생활한다는 공통점이 있고 생김새를 살펴보면 눈과 콧구멍이 거의 수평하게 있습니다. 그 이유가 무엇일지 설명해 보세요. [3 점]

N
O
H
HN
OH
N
S
CREATIVE
THINKING!
6
C
N
S
BEST
GO
꾸러미120제

Part 3

STEAM(융합) / 심층 면접

3 | STEAM(융합)

01. 다음 글을 읽고, 물음에 답해 보세요. [10 점]

T 퍼즐은 동양의 퍼즐 놀이 중 한 종류이며 2 차원 퍼즐이다. 4 개의 조각들을 하나씩 모두 사용하여 창의적인 여러 모양을 완성해 나가는 퍼즐이다. 4 개로 나뉜 조각이 한 세트이며, 조각을 모두 사용한 후 다른 조각을 추가해서 사용할 수 없고, 조각 중 하나 이상의 조각을 빼서도 안된다. 어떤 모양을 생각해낼 때, 각각의 조각들을 여러 방향으로 회전시켜 다양한 모양을 관찰해 보는 것이 도움이 된다. T 퍼즐은 현재 미국 및 호주 등 선진국에서 그 교육적인 효과가 이미 입증된 대표적인 퍼즐이다. T 퍼즐은 고정관념을 깰 수 있게 도와주며, 2 차원 공간에 대한 지각능력, 상상력, 인내력 및 문제해결력을 키워주는 유용한 퍼즐이다.

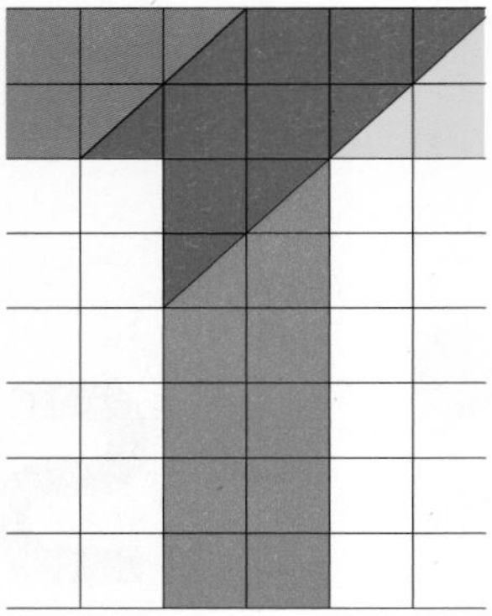

▲ T 퍼즐

(1) 무한이가 T 퍼즐의 각 조각의 모양이 그려진 티셔츠를 입고 평면거울을 봤을 때, 평면거울에서 각 조각의 모양이 어떻게 보일지 다음 표에 그려보세요. [5 점]

티셔츠	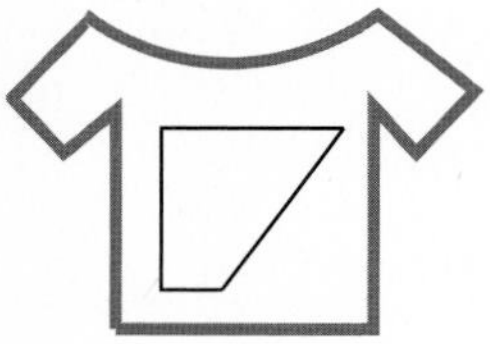	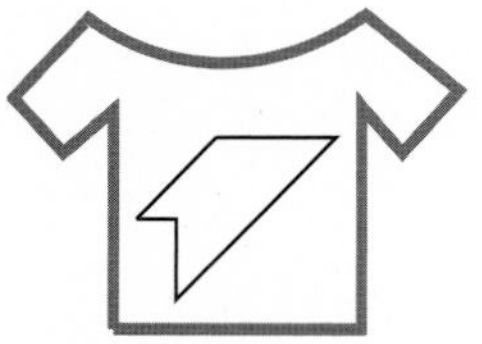	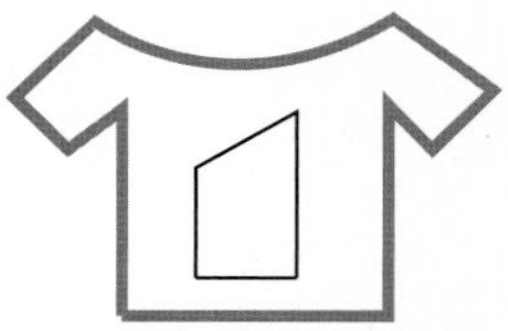	
그림				

정답 및 해설 / 예시 답안 ··············> P. 67

(2) T 퍼즐의 4 조각을 모두 사용하여 아래의 모양을 완성해 보세요. [5 점]

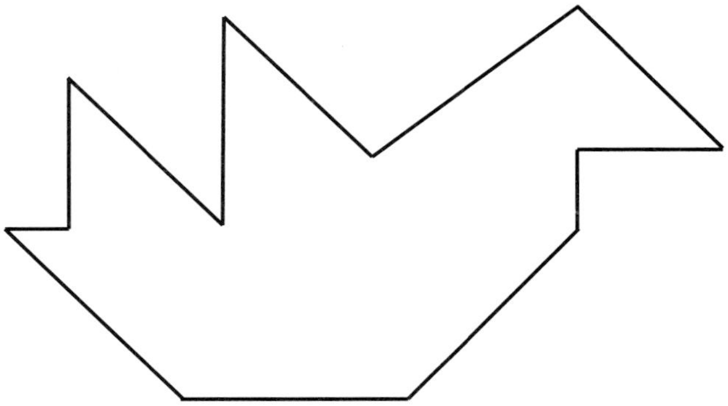

3 | STEAM(융합)

02. 다음 글을 읽고, 물음에 답해 보세요. [8 점]

봉준호 감독의 영화 <괴물> 은 맥팔랜드 사건을 모티브로 한 영화이다. 맥팔랜드 사건은 미군 기지의 영안실에서 부책임자였던 맥팔랜드의 지시로 시신처리 방부제로 사용하는 20 박스 분량의 폼알데하이드 수용액이 별도의 정화 없이 싱크대 하수구를 통해 한강에 버려진 사건이다. 영화 <괴물> 은 미군이 한강에 폼알데하이드 수용액을 무단 방류하는 모습과 그 폼알데하이드 수용액으로 인해 돌연변이인 괴물이 나타나 면서 영화가 시작된다. 괴물에 의해 주인공의 딸이 납치되고, 가족들과 함께 딸을 찾기 위해 괴물과의 싸움을 시작한다.

폼알데하이드 수용액은 뛰어난 방부 효과를 자랑한다. 우리도 폼알데하이드 수용액을 본 적이 있을 것이다. 학교 과학실에서 생물 표본을 담아 놓은 수용액이 바로 폼알데하이드 수용액이다. 이러한 폼알데하이드는 분자 간에 서로를 잡아당기는 힘이 약해서 상온에서는 무색의 기체로 존재하며 휘발성이 강하다. 이 무색의 기체는 자극성이 강한 냄새를 가지므로 사람에게 두통과 심하면 호흡 곤란을 일으킨다.

(1) 폼알데하이드와 같은 기체 분자는 열에 의해 부피가 변하는 성질이 있습니다. 비닐장갑 속에 공기를 불어넣고 묶은 뒤, 따뜻한 물에 담그면 비닐장갑은 어떻게 변할지 써 보세요. [3 점]

(2) 우리가 새로 지은 집으로 이사를 하거나 새 가구를 들여놓을 때도 폼알데하이드 기체가 나올 수 있습니다. 폼알데하이드 기체가 있는 새로 지은 집이나 방에 오래 있으면 건강상 문제 및 불쾌감을 느끼게 되는데 이것이 새집증후군입니다. 새집증후군을 피하기 위해 폼알데하이드 기체를 새집이나 방에서 방출하기 위한 가장 효율적인 방법을 제시해 보세요. [5 점]

정답 및 해설 / 예시 답안 ....> P. 67

03. 다음은 방음벽에 관한 기사 내용입니다. 기사를 읽고, 물음에 답해 보세요. [8 점]

고속도로 방음벽 설치 빨라진다

고속도로 옆에 지어진 아파트의 주민들이 고속도로를 빠르게 달리는 자동차의 소음 때문에 여름에는 창문도 열 수 없다고 말하고 있다. 그동안 고속도로 방음벽은 설치 필요성과 비용 부담 등으로 주민과 도로 공사 사이의 갈등으로 분쟁을 빚어 왔다. 하지만 이번에 이루어진 합의서에는 설치 조건, 비용 부담, 유지관리 비용 등이 조정되어 분쟁 여지를 대폭 줄여 고속도로 방음벽 설치가 한결 빨라질 것으로 보인다.
[발췌 : 20XX. 01. 12 경남 일보]

늘어나는 방음벽, 야생 조류에겐 '죽음의 벽'

아파트와 고층 건물이 늘어난 지역일수록 조류의 인공 구조물 충돌이 증가했다는 연구 결과가 나왔다. 연구진은 조류 충돌 사고가 지속적으로 증가하는 이유로 최근 빠르게 늘어나고 있는 투명한 방음벽에 주목했다. 한 연구진은 "도로 소음 등을 최소화하기 위한 투명한 방음벽과 높은 건물이 조류 충돌 사고 위험성을 높이는 것으로 보인다."고 설명했다. 이러한 방음벽에 희생된 조류를 수집 분석한 결과 텃새, 여름 철새, 겨울 철새 순으로 피해가 컸고 멸종 위기종이 포함된 경우도 다수라고 한다. [발췌 : 20XX.08.01 경향 신문]

(1) 고속도로 옆에 설치된 방음벽은 어떻게 고속도로의 소음을 막는지 써 보세요. [3 점]

(2) 소음 문제를 해결하기 위해 점점 더 늘어나는 투명한 방음벽 때문에 많은 조류들이 희생당하고 있다고 합니다. 어떻게 하면 조류들의 충돌을 방지할 수 있을지 방법을 말해 보세요. [5 점]

04. 다음은 빙하코어에 관한 내용입니다. 글을 읽고, 물음에 답해 보세요. [10 점]

지구의 비밀을 알려주는 '빙하코어'

남극과 북극의 빙하는 해마다 내린 눈이 겹겹이 쌓이면서 만들어졌다. 영하의 기온이 계속되면서 눈이 녹지 않고 쌓이게 된다. 먼저 쌓였던 아래쪽의 눈은 압력과 밀도가 증가하여 차츰 단단해지다가 60 ~ 100 m 깊이에 도달하면 딱딱한 얼음이 된다. 이러한 과정이 수십 년 이상 되풀이되면 얼음층이 만들어져 가장 깊은 곳에는 과거에 쌓였던 눈이, 가장 얕은 곳에는 최근의 눈이 있어 과거 지구를 연구하는 데 큰 도움을 주고 있다. 이 빙하 얼음을 조사하기 위해 땅속 깊은 곳에 숨겨져 있는 얼음을 뽑아내는 과정을 '빙하 시추'라고 한다. 시추기를 이용하여 원통형 파이프를 빙하에 박았다가 뽑아 올리는 방식이며, 이를 통해 얻은 길쭉한 원통 모양의 빙하 얼음을 '빙하코어'라고 한다. 1966 년 미국이 그린란드에서 1,387 m 길이의 빙하 코어를 처음으로 채취했다. 우리나라도 이탈리아 연구진과 함께 남극에서 지하 80 m 까지의 깊이에 해당하는 빙하코어를 시추했다. 이 빙하코어는 인천 송도의 인천경제자유구역에 있는 한국 해양과학기술원 부설 극지연구소에서 보관하여 연구 중이다.

▲ 빙하 시추 모습

▲ 빙하 시추를 통해 채취한 빙하코어

정답 및 해설 / 예시 답안 ……………> P. 69

(1) 다음은 빙하가 형성되는 과정을 순서 없이 나타낸 것입니다. <보기> 를 읽고, 빙하 형성 과정을 순서대로 나열해 보세요. [4 점]

보기

ㄱ. 눈이 계속해서 쌓이면서 결정 사이에 공기의 출입이 반복된다.
ㄴ. 얼음 덩어리가 중력에 의해 낮은 곳으로 이동한다.
ㄷ. 쌓인 눈의 무게 때문에 아래쪽의 눈이 다져져서 만년설이 된다.
ㄹ. 압력을 더 받으면 눈이 엉겨 붙어 굳어서 얼음이 형성되고, 그 안에 공기가 갇힌다.

(2) 빙하코어를 분석하여 알 수 있는 것에는 무엇이 있을지 다양하게 써 보세요. [6 점]

05. 다음 글을 읽고, 물음에 답해 보세요. [7 점]

어떤 영화를 보면 주인공이 정글을 지나다 모래 수렁에 빠진 후 빠져나오지 못하는 경우가 나온다. 모래 수렁에 빠진 사람이 발버둥을 칠수록 몸은 점점 더 가라앉고 모래에 파묻혀 빠져나오지 못한다.

▲ 영화 인디애나 존스의 한 장면

▲ 모래 수렁의 경고 팻말

모래 수렁은 정글이나 호숫가 또는 강이나 바닷가에서 찾아볼 수 있다. 모래 수렁은 영어로 퀵샌드(Quicksand)이다. 즉, 모래가 빠르게 움직인다는 뜻이다. 모래 위에 서 있으면 모래알 사이에 마찰력이 작용해 서로 흩어지지 않으려고 하기 때문에 어느 정도 깊이에서 멈춘다. 하지만 모래 수렁에 들어가면 발이 밑으로 쑥 빠진다. 모래에 물이 들어가면 모래알들 사이의 마찰력이 줄어들어 서로 미끄러지면서 사람의 몸무게를 지탱하지 못하기 때문이다.

밀도

일정한 면적에 무엇이 빽빽이 들어 있는 정도를 말한다. 부피가 일정할 때, 한 물체의 밀도가 클수록 그 물체의 질량은 크다. 물에 모래를 넣고 유리막대로 저은 후에 잠시 놓아두면 모래가 밑으로 가라앉는다. 이것은 모래가 물보다 밀도가 더 크기 때문이다.

(1) 무한이와 상상이는 모래 수렁에 빠졌습니다. 무한이는 가만히 서 있었고, 상상이는 빠져나오기 위해 팔다리를 허우적거렸더니 상상이가 무한이보다 모래 수렁에 더 많이 빠졌습니다. 그 이유를 말해 보세요. [3 점]

(2) 모래 수렁 위로 빠져나올 수 있는 방법에는 무엇이 있을까요? [4 점]

정답 및 해설 / 예시 답안 ·············> P. 69

06. 다음은 옥상 정원에 관한 내용입니다. 글을 읽고, 물음에 답해 보세요. [7 점]

요즘 사람들은 건물의 옥상이나 아파트의 베란다처럼 빈 공간을 활용하여 정원으로 만들고 있다. 산업화 과정에서 도시가 건설됨에 따라 인간이 거주하는 지역에 풀이나 나무가 우거진 장소가 줄어들고 있다. 도시 공간에서는 이런 자연환경을 조성하는 장소가 거의 없으므로 건물 옥상에 정원을 조성하는 사례가 늘고 있다. 옥상에 흙을 깔아 주로 조경용 나무나 화초를 심어 정원을 꾸미는데 최근에는 채소 등을 기르는 텃밭으로 활용하는 경우도 많다. 이러한 옥상 정원은 건물 옥상의 열을 식힐 뿐만 아니라 도시에 자연환경을 조성해 공기 정화와 도시 기온이 계속 높아지는 열섬 현상을 줄일 수 있는 등 환경 개선 효과를 가져온다. 건물 옥상에 정원을 설치하면 여름철 온도가 높아져도 에어컨 사용을 줄일 수 있으므로 많은 도움을 준다.

(1) 옥상에 정원을 꾸밀 때, 흙을 깔지 않고 식물을 키울 수 있는 방법에는 무엇이 있을지 써 보세요. [4 점]

(2) 우리는 여름에 나무나 큰 다리 밑에 있으면 시원함을 느낍니다. 나무나 큰 다리 밑의 그늘은 왜 시원할지 이유를 각각 설명해 보세요. [3 점]

07. 다음 글을 읽고, 물음에 답해 보세요. [10 점]

렘브란트의 그림

▲ 렘브란트가 그린 초상화

영국 옥스퍼드에서 활동 중인 화가 프란시스 오닐은 유럽 여행 중에 우연히 하르먼스 판 레인 렘브란트의 그림을 보게 됐다. 다른 화가의 그림도 멋지고 아름다웠지만, 렘브란트의 그림은 특별했다고 한다. 그림 자체로 아름다울 뿐만 아니라 과학적으로 정밀하고 사실적으로 그렸다는 점에 놀란 것이다. 오닐은 이후 10 년에 걸쳐 렘브란트 그림을 연구했고, 마침내 이유를 알아냈다. 데이비드 호크니와 빛 연구자 찰스 팔코는 서양 화가들이 15 세기 부터 빛을 이용해 그림을 그려 정교한 묘사를 할 수 있었다고 주장한다. 근거로 그림 가운데는 굉장히 정교하지만, 윤곽선은 명료하지 않고 얼룩덜룩하다고 말했다. 네덜란드 대표적인 화가인 렘브란트는 초상화를 많이 그렸는데 초상화의 밝고 어두움의 대비가 강하게 드러난다는 특징이 있다. 초상화는 얼굴만 밝게 밝히고 나머지 공간은 어둡다. 또한, 초상화에 그려진 인물들의 시선을 보면 중심에서 벗어나 있다. 보통 정면이 아닌 다른 곳을 쳐다보고 있다. 렘브란트 대부분의 초상화를 보면 구도와 표정, 시선이 모두 비슷하다.

그림자

빛은 광원에서 나와 사방으로 곧게 퍼져 나가는 성질을 가지고 있다. 빛이 직진하다가 투명한 물체를 만나면 물체를 통과하고, 불투명한 물체를 만나면 통과하지 못한다. 따라서 불투명한 물체의 반대편에는 빛이 도달하지 못하므로 그림자가 생긴다. 그림자는 빛이 직진하기 때문에 생기는 것이다. 만약 빛이 직진하지 않는다면 물체의 뒤쪽에도 빛이 도달하여 그림자가 생기지 않을 것이다.

▲ 햇빛에 의해 생기는 그림자

정답 및 해설 / 예시 답안 ……………> P. 70

(1) 불투명한 물체를 손전등으로 비출 때, 물체와 손전등 사이의 거리를 변화시키면 그림자의 크기가 달라집니다. 하지만 같은 시간에 물체를 태양 쪽으로 가까이 가져가거나 멀리 가져가도 그림자의 크기는 변하지 않습니다. 왜 태양빛에 의해서는 그림자의 크기가 변하지 않는 것일까요? [3 점]

(2) 무한이가 바늘구멍 사진기를 통해 아래의 무드등을 봤을 때, 바늘구멍 사진기의 스크린에 나타나는 무드등의 모습으로 옳은 것을 골라 보세요. [3 점]

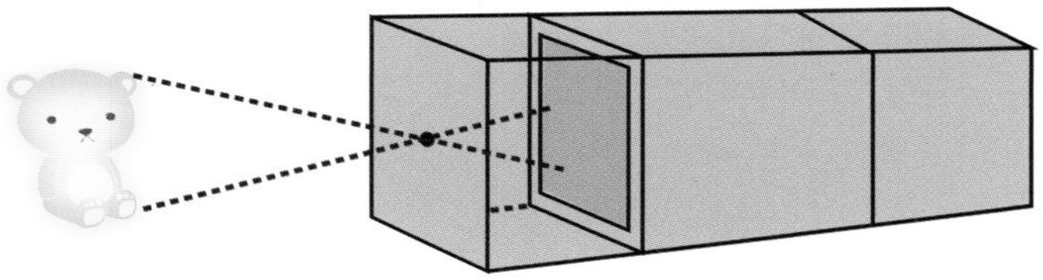

①

②

③

④

(3) 서양의 화가들은 15 세기부터 바늘구멍 사진기의 원리를 이용하여 초상화를 그렸습니다. 화가들이 바늘구멍 사진기의 원리를 이용하여 그린 초상화와 실물만을 보고 그린 초상화가 어떤 차이가 있을지 쓰고, 그렇게 생각한 이유를 써 보세요. [4 점]

08. 다음 기사를 읽고, 물음에 답해 보세요. [10 점]

동해안 해수욕장 올여름 피서객 1,898만 명… 5 년 전보다 25 % 이상 감소

강원도 동해안 해수욕장을 찾은 피서객이 5 년 새 25 % 이상 감소했다. 피서객 수가 2014 년에 2,800만 명에서 올여름엔 1,898만 명으로 매우 줄어든 것이다. 2015 년부터 2018 년까지 동해안을 방문하는 피서객 수는 매년 감소했다. 2014 년에 동해안 해수욕장 90 여 곳을 찾은 피서객 수는 2,800만 명이다. 2015 년에는 2,578만 명, 2016 년에는 2,477만 명, 2017 년에는 2,243만 명 그리고 2018 년에는 1,846만 명으로 급격히 감소했다. 작년보다 올해는 소폭 증가했다. 강원도 환동해본부는 2018 년에 즐길 거리와 볼거리를 많이 만들어 피서객을 위한 서비스를 제공하면서 피서객 수의 목표를 약 2,500만 명으로 잡았지만, 실패하자 2019 년 2,000만 명으로 목표치를 낮췄다. 그러나 이번 해에도 목표 달성에 실패했다. 여름 피서객이 2 년 연속 2,000만 명을 넘지 못하고 있다고 말한다. 환동해본부는 강원도청 산하기관으로 수산, 어업 지원 등의 업무를 수행하고 있다.

[발췌 : 20XX.08.27 jobsN]

(1) 매년 여름 피서객 수가 줄어들고 있는 이유 중 하나는 해수욕장이 개장된 후에도 비가 자주 내리기 때문이라고 합니다. 피서객 수가 줄어들고 있는 이유에는 또 무엇이 있을지 써 보세요. [2 점]

정답 및 해설 / 예시 답안 > P. 72

(2) 환동해본부에서는 어떻게 매년 동해안을 방문하는 1만 명 이상의 피서객 수를 셀 수 있었을지 써 보세요. [3 점]

(3) 영재는 기사를 근거로 하여 2020 년 동해안 피서객 수를 예상해 보기 위해 2014 년부터 2019 년까지 피서객 수를 그래프로 정리하려고 합니다. 막대 그래프와 꺾은선 그래프 중 한 가지를 선택하여 그려보고, 그 그래프를 선택한 이유를 설명해 보세요. [5 점]

3 | STEAM(융합)

09. 다음 글을 읽고, 물음에 답해 보세요. [12 점]

자외선

자외선(UV, Ultraviolet ray)은 가시광선의 보라색보다 파장이 짧은 빛으로 우리 눈에 보이지 않는다. 파장에 따라 자외선 A (320 ~ 400 nm), 자외선 B(280 ~ 320 nm), 자외선 C(100 ~280 nm)로 나뉜다. 파장이 짧으면 공기 분자들의 방해를 받아 흡수 및 재방출 되거나 공기 분자를 분해해버리는데 에너지를 모두 소모해버리지만, 파장이 길면 공기 분자들의 방해를 적게 받으며 지표에 쉽게 도달한다. 따라서 파장이 가장 짧은 자외선 C 는 오존층에서 대부분 걸러지고, 파장이 긴 자외선 A 와 자외선 B 는 지표까지 도달한다.

가시광선

가시광선은 우리 눈에 보이는 파장을 가진 빛이다. 불투명한 물체가 특정한 색으로 보이는 이유는 그 물체가 다른 빛은 모두 흡수하고 특정한 빛만 반사하기 때문이다. 물체가 모든 빛을 흡수하면 검은색으로 보이고, 모든 빛을 반사하면 흰색으로 보인다.

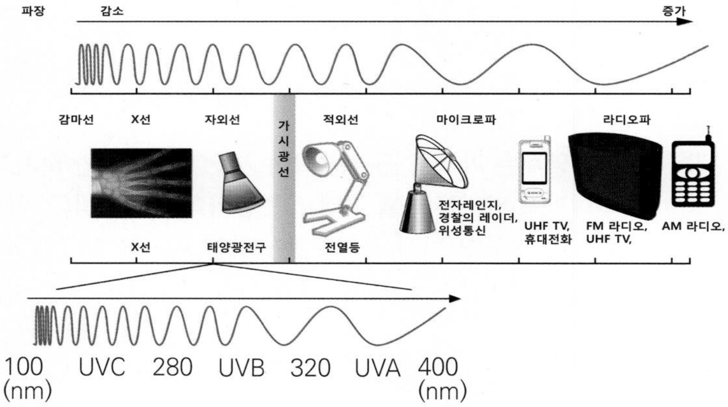

자외선 차단제

자외선이 피부에 미치는 영향

자외선은 비타민 D 의 합성을 도와 뼈를 튼튼하게 해주기 때문에 어느 정도는 필요하지만, 자외선을 오래 쬐게 되면 피부가 늙고, 피부암이 생길 수 있어 자외선 차단제를 바르고 다니는 사람들이 많다. 피부에 영향을 주는 것은 지표까지 도달하는 자외선 A 와 자외선 B 이다. 파장이 가장 긴 자외선 A 는 피부 속까지 도달하고 피부 속의 멜라닌 색소를 자극하여 피부를 검게 만들다가 결국 피부 속의 세포를 파괴하여 피부를 빨리 늙게 한다. 자외선 B 는 자외선 A 보다 파장이 짧아 피부 속까지 도달하지는 않지만, 에너지가 높아 피부 표면에 직접적인 손상을 줄 수 있다. 피부 표면에 화상을 일으켜 피부가 붉어지거나 화끈거리고, 반복적으로 노출되면 유전자의 손상으로 피부암을 유발할 수 있다.

정답 및 해설 / 예시 답안
··············> P. 73

자외선을 차단하는 방법

자외선 차단제가 자외선을 차단하는 방법은 두 가지이다. 첫 번째는 흰색을 띤 화학 물질로 만들어 피부에 바르면 화학 물질들이 피부에 촘촘히 배열되어 거울처럼 자외선을 반사시키는 방법이다. 이 방법은 자외선이 처음부터 피부에 도달하지 못하게 하는 것이다. 두 번째는 5 가지 정도의 화학 물질을 조합해서 만든 것을 피부에 바르는 것으로 자외선이 피부에 도달했을 때 화학 물질이 자외선을 흡수하여 열에너지로 바꿔 차단하는 방법이다.

SPF와 PA

자외선 차단제에는 SPF 와 PA 의 표시가 있다. SPF 는 자외선 B 의 차단 정도를 의미하며 SPE 30 이라고 써 있다면 자외선의 양을 1/30 로 감소시킨다는 의미이다. PA 는 자외선 A 의 차단 정도를 의미하며 PA 옆의 + 수의 개수가 많을수록 차단율이 높다.

(1) 자료에서 설명한 것과 같이 자외선을 차단하는 방법 중 첫 번째 방법은 화학 물질이 피부에 자외선이 도달하지 못하도록 반사시키는 방법입니다. 그런데 이 방법은 화학 물질의 성질 때문에 얼굴이나 피부에 발랐을 때, 너무 하얗게 보이는 단점이 있다고 합니다. 자외선 차단제는 자외선을 반사시키는데, 얼굴이 왜 하얗게 보이는지 이유를 과학적으로 설명해 보세요. [6 점]

(2) 실내로 들어오는 자외선을 차단하기 위해 자외선 차단제를 바른다면 SPF 와 PA 의 값 중 어느 것이 더 높은 자외선 차단제를 선택해야 할지 쓰고, 이유를 설명해 보세요. [6 점]

3 | STEAM(융합)

10. 다음 글을 읽고, 물음에 답해 보세요. [10 점]

공기

사람은 숨을 쉬지 않고는 살 수 없다. 물은 일주일, 음식은 한 달 동안 먹지 않아도 살 수 있지만, 공기는 단 3 분만 마시지 못해도 죽는다. 공기는 지구 대기를 이루는 여러 기체의 혼합물이다. 공기에는 질소 78 % 와 산소 21 % 가 포함되어 있다. 나머지 1 % 는 아르곤, 네온, 이산화 탄소, 오존 같은 여러 종류의 기체로 구성되어 있다. 공기 중에서 두 번째로 많은 산소는 끓는점이 - 183 ° C 로 색깔과 냄새가 없고, 사람을 비롯한 모든 생물이 살아가는데 반드시 필요하다.

액체 질소

공기 중 가장 많은 양을 차지하는 질소는 색깔과 맛, 냄새가 없고 동·식물이 단백질을 합성할 때 필요로 하는 물질이다. 질소 기체의 끓는점은 - 196 ° C 이므로 평소에는 기체로 존재한다. 하지만 과학 기술의 발전으로 이러한 질소 기체를 액체 상태로 만들 수 있게 되었다. 액체 질소는 질소의 끓는점인 - 196 ° C 이하의 온도에서 액체 상태로 존재한다. 액체 질소는 우리가 흔히 볼 수 있는 드라이아이스(- 78.5 ° C)보다 온도가 훨씬 낮으므로 액체 질소에 동식물의 생체 조직이나, 다른 액체를 넣었다 빼면 짧은 시간에 깨뜨릴 수 있을 정도로 얼어버린다. 이것은 질소 탱크에 들어 있던 액체 질소가 우리가 생활하는 25 ° C 의 온도로 나오면 빠르게 기체로 상태 변화하는데, 이때 많은 양의 열을 흡수하기 때문이다. 이러한 액화 질소를 사용하여 우리가 즐겨 먹는 구슬 아이스크림을 만들기도 한다. 밀폐된 액체 질소 내부에 금속 그릇을 띄우고 아이스크림을 만들 우유를 방울 모양으로 그릇에 떨어뜨리면 빠르게 구 모양으로 얼게 된다. 구슬 모양으로 언 것들을 한곳으로 모아 아이스크림 통에 담은 것이 우리가 사서 먹는 구슬 아이스크림이다.

정답 및 해설 / 예시 답안 ·············> P. 73

(1) 무한이가 액체 질소를 수조에 부었더니 수조 주변에 물방울들이 생기기 시작했습니다. 주어진 글을 참고하여 우리 주변에서 이와 같은 원리로 나타나는 현상을 2 가지 이상 써 보세요. [5 점]

(2) 아이스크림을 만드는 것 외에 액체 질소를 또 어디에 이용하면 좋을지 써 보세요. [5 점]

3 STEAM(융합)

11. 다음 글을 읽고, 물음에 답해 보세요. [12 점]

중국의 달 탐사선 '창어 4 호'가 지구에서 보이지 않는 달 뒷면의 크레이터에 성공적으로 착륙해 본격적인 탐사에 들어갔다. 이전에도 미국, 러시아 등이 여러 차례 달에 탐사선을 보낸 적이 있지만 모두 달의 앞면에 착륙하거나 달 궤도를 돌며 멀리서 달 뒷면을 지켜봤을 뿐 착륙한 것은 이번이 처음이다. 달 뒷면에 착륙하는 것은 달 앞면에 착륙하는 것보다 위험하다. 창어 4 호의 한 연구원은 "달 뒷면의 험한 지형이 가장 큰 걸림돌이었다."라고 말했고, 이어서 "이런 문제들을 해결하는 것은 미래의 우주 탐험을 위한 기초를 닦는 데 도움이 될 수 있다"고 설명했다.

지구에서는 항상 달의 같은 면만 보인다. 달이 지구 주위를 도는 공전 주기와 스스로 도는 자전 주기가 약 27.3 일로 같기 때문이다. 우리가 관측 영상을 통해 처음 달 뒷면을 본 것도 불과 60 년 밖에 되지 않았다. 하지만 오늘 '창어 4 호'가 19.01.03 일 달의 뒷면에 착륙하면서 달의 앞면과 뒷면의 차이에 대한 활발한 연구가 진행될 것으로 기대된다.

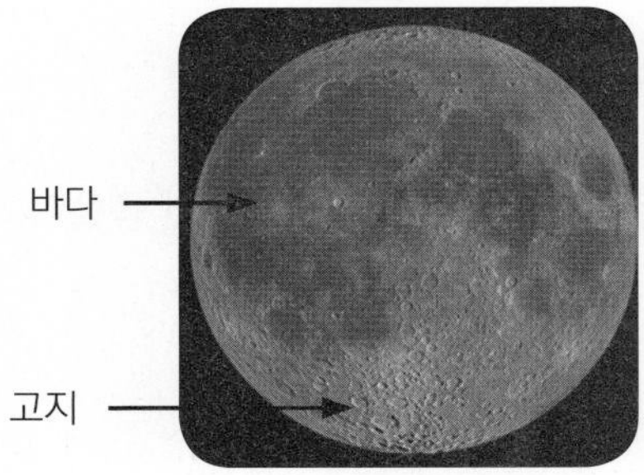

▲ 달의 앞면

▲ 달의 뒷면

구분	달 표면의 특징
고지	밝은 부분 : 주위 보다 지형이 높고 험준하다. 운석 구덩이가 많다.
바다	어두운 부분 : 주위보다 지형이 낮고 평탄하다. 운석 구덩이가 적다. (현무암질 암석)
운석 구덩이 (크레이터)	 대부분 운석의 충돌에 의해 생기지만, 화산이 폭발해 생성된 것도 있다.

정답 및 해설 / 예시 답안
> P. 74

(1) 지구에서 달을 볼 때, 달의 모양이 변해도 표면 무늬는 변하지 않는 이유를 그림을 그려 구체적으로 설명해 보세요. [5 점]

(2) 우리가 달의 뒷면에 있을 때의 낮과 밤의 길이에 대해 써 보세요. [4 점]

(3) 달은 앞면보다 뒷면에 더 험준한 지형이 많습니다. 그 이유가 무엇일지 자신의 생각을 서술해 보세요. [3 점]

3 | STEAM(융합)

12. 다음 글을 읽고, 물음에 답해 보세요. [10 점]

오늘도 매우 더움..."불쾌 지수도 높아"

최근 한낮 기온이 30 ° C 를 오르내리면서 무더위가 찾아오고 있다. 대구 지역은 지난달 최고기온이 34.7 °C(29 일), 35.9 °C(30 일), 36.8 °C(31 일) 등 더위가 기승을 부렸다. 대구를 포함한 경상남북도 20 개 시·군에 올해 들어 첫 폭염주의보가 발령되기도 했다. 매년 이 무렵에는 일상생활을 하는 동안 불쾌감을 느끼기도 한다. 날이 점점 더워지면서 기상청은 날씨와 함께 불쾌감의 정도에 대한 불쾌지수 정보를 제공하고 있다. 불쾌지수가 68 미만이면 모두가 쾌적함을 느끼고, 68 ~ 80 이면 일부 또는 절반 정도의 사람들이 불쾌감을 나타내기 시작하고, 80 이상이면 모두가 불쾌감을 느낀다. 일반적으로 여름에 기온이 높아도 습도가 낮으면 견디기 쉽다. 하지만 기온도 높고 습도까지 높으면 후덥지근해 매우 불쾌감을 느낀다. 사람들이 흔히 '무시무시한 더위'라는 뜻으로 생각하는 '무더위'는 '물 + 더위'에서 온 말로 온도와 함께 습도가 아주 높아 찌는 듯 견디기 어려운 더위를 가리킨다. 이런 날에는 불쾌지수도 매우 높다. [발췌 : 20XX.08.03 오마이뉴스]

습도

공기 중에 포함된 수증기의 양을 나타내는 습도는 두 개의 온도계를 이용하여 측정할 수 있다. 하나의 온도계는 그대로 두고, 다른 하나의 온도계는 구부를 젖은 헝겊으로 감싼 뒤 물이 담긴 비커에 헝겊이 물에 닿을 정도로만 넣어준다. 구부를 헝겊으로 감싼 온도계를 습구 온도계, 감싸지 않은 온도계를 건구 온도계라고 한다. 시간이 어느 정도 지난 다음 두 온도계의 온도를 측정했을 때, 건구와 습구의 온도 차이가 클수록 습도는 낮다. 건습구 온도계를 이용해 온도를 여러 번 측정하여 상대적인 습도를 % 로 표현하여 정리해 놓은 표가 습도표이다.

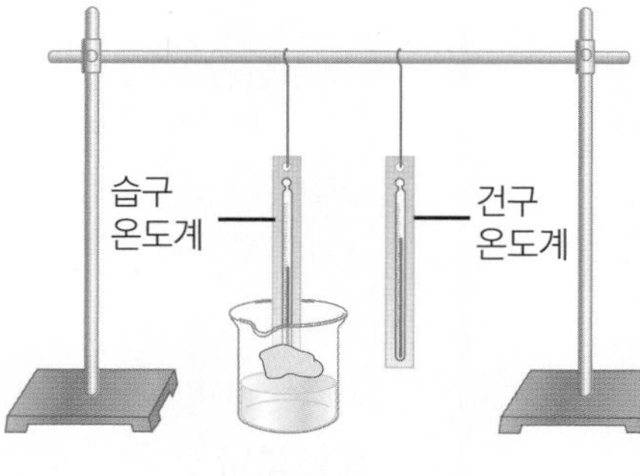

▲ 건습구 온도계

정답 및 해설 / 예시 답안
··············> P. 75

(1) 습도를 측정하는 건습구 온도계에서 건구 온도계는 현재의 온도를 측정하는 것입니다. 습구 온도계는 구부를 젖은 헝겊으로 감싼 뒤 물이 담긴 비커에 헝겊이 물에 닿을 정도로만 넣어 습구 온도를 측정하는데, 그 원리가 무엇일지 설명해 보세요. [5 점]

(2) 무한이는 오늘 학교에서 계속 짜증을 부리다가 집으로 돌아왔는데, 현재 온도가 31 ˚C 이고, 불쾌지수가 80 이상으로 매우 높다는 것을 알았습니다. 무한이가 방에서 건습구 온도계를 봤을 때, 건구와 습구의 온도 차이가 2 ˚C 였다면 아래의 습도표를 참고하여 상대 습도를 구하고, 불쾌지수를 낮추기 위해 할 수 있는 방법을 써 보세요. [5 점]

습구 온도(°C)	건구 온도와 습구 온도의 차(°C)										
	0	1	2	3	4	5	6	7	8	9	10
19	100	91	83	76	69	62	57	51	47	42	38
20	100	91	83	76	69	63	58	52	48	43	39
21	100	92	84	77	70	64	58	53	49	44	40
22	100	92	84	77	71	65	59	54	50	45	41
23	100	92	84	78	71	65	60	55	51	46	42
24	100	92	85	78	72	66	61	56	51	47	43
25	100	92	85	78	72	67	62	57	52	48	44
26	100	92	85	79	73	67	62	57	53	49	45
27	100	92	86	79	73	68	63	58	54	50	46
28	100	93	86	80	74	68	63	59	55	51	47
29	100	93	86	80	74	69	64	60	55	51	48
30	100	93	86	80	75	69	65	60	56	52	48

▲ 습도표

4 | 심층 면접

13. 영재교육원에서 어떤 공부를 하면 좋을지 말해 보세요. [4 점]

14. 학교에서 이번 달에 과학 탐구 발표 대회가 있습니다. 선생님은 내일까지 혼자 준비하고 발표할 것인지, 친구들과 함께 준비하고 발표를 할 것인지를 정해오라고 했습니다. 나한테는 어떤 것이 더 좋을지 이유와 함께 말해 보세요. [4 점]

정답 및 해설 / 예시 답안 > P. 77

15. 편의점에서 택배를 보낼 때, 배송비를 알기 위해 물건을 기계 위에 올려 무게를 측정합니다. 이와 같이 일상생활에서 무게를 측정하는 경우를 말해 보세요. [5 점]

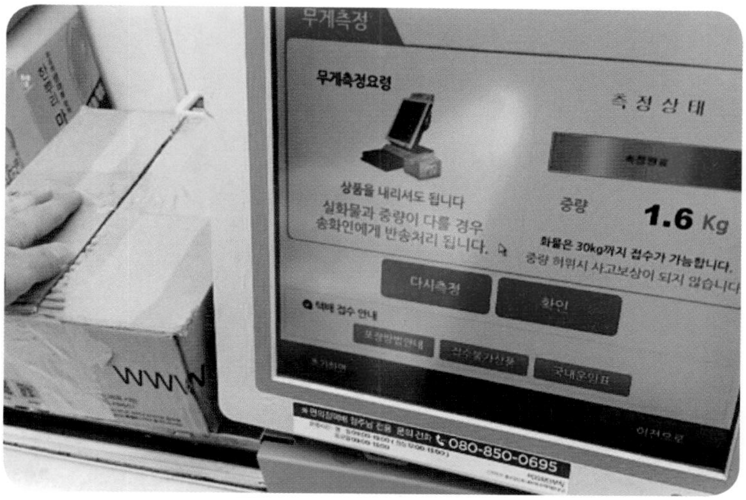

4 | 심층 면접

16. 바오바브나무는 건조한 아프리카 지역에서 사는 가장 크고, 오랫동안 살 수 있는 수명이 긴 나무입니다. 아래의 그림을 보고 바오바브나무가 아프리카에서 살기 위해 가지게 된 특징을 말해 보세요.

[5 점]

▲ 바오바브나무와 사람

▲ 바오바브나무의 뿌리

17. 수지는 인터넷에서 본 해변 사진이 맘에 들어서 캡처하여 자신의 메신저에 올렸습니다. 친구들이 그 사진을 보고 사진을 잘 찍는다고 칭찬을 했습니다. 수지는 그 칭찬이 듣기 좋아서 자기도 모르게 내가 원래 사진을 잘 찍는다며 거짓말을 늘어놓았지만, 속마음은 거짓말이 들통이 날까 봐 안절부절못하였습니다. 수지는 이 상황을 어떻게 해야 해결할 수 있을까요? [5 점]

4 | 심층 면접

18. 어느 한 우유 배달원은 우유를 배달하면서 현관 앞에 어제의 우유가 그대로 있으면 노란 스티커를 붙이고, 다음날도 우유가 쌓여 있으면 빨간 스티커를 붙입니다. 사흘째에도 여전히 우유가 쌓여 있으면 경찰서나 주민센터로 연락하며 노인들의 건강과 안전을 살핀다고 합니다. 내가 우유 배달원이라면 다른 방법으로 어떻게 이웃을 도와줄 수 있을까요? [6 점]

정답 및 해설 / 예시 답안 ············> P. 78

영재교육원 기출

19. 다음 글을 읽고, 질문에 답해 보세요.

준영이는 학교에서 이루어지는 활동을 할 때 나서기를 좋아합니다. 과학 시간에는 실험 도구를 독차지해서 같은 모둠의 아이들은 구경만 하고 있어야 합니다. 체육 시간에는 다른 반과의 경기에서 이기기 위해 반칙도 일삼으며 자신이 속한 팀이 유리한 쪽으로 선생님에게 항의하기도 합니다. 친구들은 이러한 준영이의 모습을 고쳐주기 위해 준영이와 대화를 하려고 했지만, 준영이는 자기의 행동이 옳다고 고집을 부렸습니다.

친구들이 그런 준영이를 도와 할 수 있는 일에는 무엇이 있을지 말해 보세요. [5 점]

영재교육원 기출

20. 다음 글을 읽고, 질문에 답해 보세요.

- 대전에서 카페를 운영하는 A 씨는 1 년쯤 전부터 출입문 앞에 길고양이가 매일 찾아와 안쓰러운 마음에 먹을 것을 주기 시작했습니다. 일주일이 지나자 더 많은 길고양이가 출입문 앞으로 모여들었고, 결국 지금은 10 마리 정도의 길고양이에게 먹이를 주게 되었습니다.
- B 씨의 농장 주변에 길고양이들이 모여들어 비닐하우스에 구멍이 뚫리고 찢어지는 일이 많아졌습니다. 길고양이의 수가 늘면서 배설물까지 처리해야 하고 길고양이가 농작물을 훔쳐 먹어 농작물의 피해도 늘고 있습니다.

길고양이에게 먹이를 주는 것이 옳은 것일까요? 옳지 않은 것일까요? 자신의 생각을 이유와 함께 말해 보세요. [6 점]

memo

CREATIVE THINKING!

무한상상

무한상상

아이앤아이

영재교육원 대비 꾸러미 120제

정답 및 해설

예시 답안

과학 초등 1~3

무한상상

영재교육원 대비 꾸러미 120제

정답 및 해설

예시 답안

과학 초등 1 ~ 3

▶ 나의 문제 해결력이 맞는지 체크하고 창의력 점수를 매겨보자.

무한상상

1 일반 창의성

총 20 문제입니다. 문제 배점은 각 문항별 평가표를 참고하면 됩니다. / 단원 말미에서 성취도 등급을 확인하세요.

문 01 P. 12

문항 분석 및 평가표

문항 분석 : 우리 주변에 있는 사물, 동물, 자연, 친구의 모습 등 여러 부분에서 동그라미 모양을 떠올려 보고 그것들에 대한 장점을 다양한 관점에서 써 보세요. (유창성, 융통성)

평가표 :

동그라미 모양을 3 가지 이상 나열만 한 경우	2 점
동그라미 모양을 1 ~ 2 가지 찾고, 장점을 설명한 경우	3 점
동그라미 모양을 3 가지 이상 찾고, 장점을 설명한 경우	5 점

출제자 예시 답안

① 컵 : 컵의 입구가 둥근 것이 마시기에 편하다.

② 동전 : 동그라미는 네모보다 충격에 강하여 시간이 지나도 동전의 모양이 그대로이고, 가지고 다닐 때 각진 부분이 없어서 찔리지 않고 편하다.

③ 놀이공원의 대관람차 : 대관람차가 동그라미 모양이면 네모보다 높이에 따라 주변의 환경을 더 많이 볼 수 있다.

④ 우산을 쓸 때 : 우산을 쓸 때, 동그라미 모양을 가지고 있어서 우산 위에 비가 쌓이지 않는다. 네모 모양을 가진 우산이라면 비가 우산 위에 쌓여 우산이 망가진다.

⑤ 피자 : 같은 길이의 실로 동그라미, 네모, 세모를 만들어 보면 동그라미가 가장 넓다. 같은 양의 밀가루와 재료로 피자를 만든다면 동그라미 모양의 피자가 가장 크다.

⑥ 사람, 동물의 눈 : 눈이 네모와 가까운 모양이라면, 좌우를 볼 때 네모의 각진 부분이 시야를 방해한다.

문 02 P. 12

문항 분석 및 평가표

문항 분석 : 감각 기관에는 눈(시각), 귀(청각), 코(후각), 혀(미각), 피부(촉각)가 있습니다. 여러 감각 기관 중에서 촉각으로만 물체를 느꼈을 때, 어떤 물체일지 자유롭게 생각해 보세요. (유창성, 융통성)

평가표 :

1 ~ 2 개 쓴 경우	2 점
3 ~ 4 개 쓴 경우	3 점
5 개 이상 쓴 경우	4 점

출제자 예시 답안

① 도토리묵 ② 두부 ③ 쑥 절편 ④ 스팸 한 조각 ⑤ 인절미

⑥ 네모 모양으로 잘라놓은 망고

⑦ 강아지 침이 묻어있는 네모 모양의 강아지 장난감

문 03 P. 13

문항 분석 및 평가표

—> 문항 분석 : 일반적인 음악과는 다르게 사용자의 목적에 맞게 특수 제작된 음악을 기능성 음악이라고 합니다. 기능성 음악에는 대표적으로 치료, 또는 기분 전환 등을 목적으로 만들어진 치유 음악이 있습니다. 기능성 음악은 클래식이나 명상 음악부터 전문적으로 구성된 특수 효과음을 넣어 만드는 것까지 여러 가지 형태가 있습니다. 내가 또는 친구, 가족들이 어떤 소리를 들었을 때 좋아하는지, 어떤 소리를 듣기 싫어하는지 생각해보면 재미있는 생각이 떠오를 수 있습니다. (융통성, 독창성)

—> 평가표 :

표를 모두 채우지 못한 경우	2 점
표를 적절하게 모두 채운 경우	5 점

출제자 예시 답안

—> ①

음악의 목적	친구에게 장난치는 소리
음악에서 들려줄 소리	동전 떨어지는 소리, 게임 시작할 때 나는 소리, 게임할 때 마우스 소리
각각의 소리를 넣은 이유	게임을 좋아하는 친구가 게임을 할 수 있는 동전이 떨어지거나 게임을 하지 않고 있는데 소리가 들리면 흠칫 놀랄 것 같다.

②

음악의 목적	우리 집 강아지가 짖지 않도록 훈련 시켜줄 소리
음악에서 들려줄 소리	우리 집 문을 두드리는 소리, 여러 사람의 발걸음 소리
각각의 소리를 넣은 이유	강아지들은 낯선 소리나 집 문을 두드리고 들어올 낯선 사람에게 두려움을 느껴 짖는 경우가 많다. 그래서 여러 가지 발걸음 소리나 집 문을 두드리는 소리를 자주 들려주고, 그 소리에 익숙해져 두려움을 느끼지 않도록 해준다.

문 04 P. 14

문항 분석 및 평가표

—> 문항 분석 : 창의적 사고를 끌어내 아이디어를 얻는 방법으로 스캠퍼(Scamper) 기법이 있습니다. 스캠퍼 기법의 전제는 새로운 것은 원래의 것에서부터 출발한다는 것입니다. 즉 원래의 것에 더하거나 빼서, 혹은 변형을 함으로써 새로운 것을 만들어낼 수 있다는 내용입니다. 스캠퍼 기법 중에 결합하기(Combine)는 두 가지 이상의 것을 더하여 가치 있는 새로운 조합이 만들어질 수 있는지에 대해 생각해 보는 것입니다. (독창성, 정교성)

—> 평가표 :

쓰임새를 적절하게 쓰지 못한 경우	3 점
표의 빈칸을 모두 적절하게 쓴 경우	5 점
표의 빈칸을 모두 적절하게 2 가지 이상 쓴 경우	+1 점
총합계	6 점

출제자예시답안

물건 1	물건 2	쓰임새
옷	자판기	사람의 체형에 따른 옷이 들어있는 자판기를 만든다. 그러면 자판기에서 체형에 맞게 입고 싶은 옷을 시간 제약 없이 바로 가질 수 있다.
휴대용 선풍기	보조 배터리	휴대용 선풍기의 몸체에 보조 배터리를 결합하면 선풍기를 켰을 때 시원한 바람을 느끼고 편리하게 스마트폰도 충전할 수 있다.
우산	전구	우산 안쪽에 전구를 달아 놓으면 비가 오는 날 어두운 밤에 우산을 쓰고 가는 사람이 잘 보인다.

문 05
P. 15

문항 분석 및 평가표

문항 분석 : 우리가 흔하게 생각할 수 있는 상황과 그 반대의 상황을 제시하여 보통의 생각을 어떻게 독창적으로 바꿀 수 있는지 보는 문항입니다. 자신이 각각 뱀과 개구리의 입장이 되어 생각해보면 도움이 될 것입니다. (융통성, 독창성)

평가표 :

제목을 쓰지 않은 경우	3 점
상황에 맞는 제목과 답을 쓴 경우	5 점

출제자예시답안

① 제목 : 개구리의 역전
풀숲에서 놀고 있던 개구리에게 뱀이 위협적으로 다가오자 개구리는 도망가며 말했다. "너는 나에게 이럴 시간이 없어! 내가 내 친구들을 모두 너희 집으로 보냈거든! 너의 새끼가 있는 알을 친구들이 가지고 놀고 있을걸!" 이 말을 들은 뱀은 재빠르게 자신의 새끼들을 보호하러 떠나고 있다.

② 제목 : 내 친구 개구리
이 풀숲에 사는 개구리와 뱀은 서로 친구이고 서로의 먹이를 발견할 때마다 알려주고 있었다. 뱀은 개구리의 먹이를 발견하고 친구 개구리에게 가서 빨리 안가면 뺏길 수도 있다는 소리를 했다. 그 소리를 들은 개구리는 흥분하여 먹이를 차지하러 달려가고 있다.

문 06
P. 16

문항 분석 및 평가표

문항 분석 : 주어진 모양으로 다양한 그림을 그릴 수 있는지 평가하는 문항은 자주 출제되고 있습니다. 사물, 동물, 자연 이외에도 다양하게 떠올려 보세요. (유창성, 정교성)

평가표 :

1 ~ 2 개 그린 경우	3 점
3 개 그린 경우	4 점
4 개 이상 그린 경우	5 점

출제자 예시 답안

 볼링공	 콤비네이션(햄) 피자
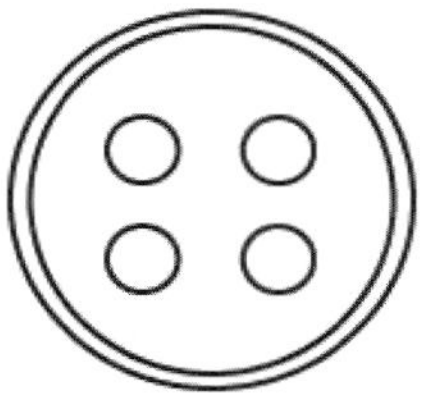 단추	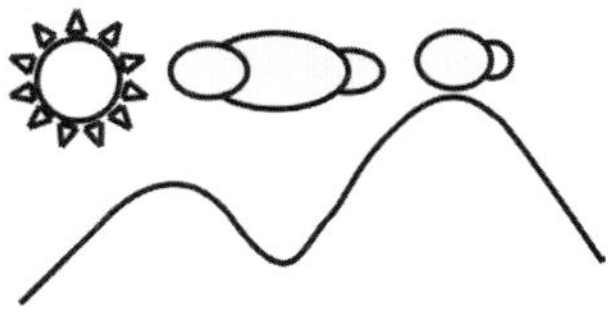 자연(산, 구름, 태양)
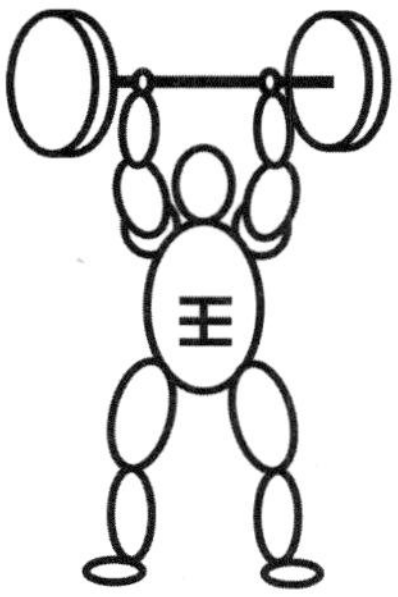 역도 선수	 컵에 든 콜라

문 07
P. 17

문항 분석 및 평가표

문항 분석 : 자신이 선택한 지역의 모습을 상상해 보면서 떠올리는 것이 좋습니다. 물건을 선택할 때 그 지역의 날씨와 관련된 물건뿐만 아니라 밤에 별을 찍고 싶어서 카메라를 챙기는 등 여러 시각으로 가지고 가고 싶은 물건을 생각해 봅시다. (유창성, 융통성)

평가표 :

가고 싶은 곳과 이유를 쓴 경우	2 점
가지고 갈 물건과 이유를 쓴 경우	2 점
날씨와 관련된 물건 외에 가지고 갈 물건을 쓴 경우	+1 점
총합계	5 점

출제자 예시 답안

①

가고 싶은 곳	사막
이유	모래밖에 없는 세상을 보고 싶어서 가고 싶다.

가지고 갈 물건	이유	가지고 갈 물건	이유
물	갈증 해소를 위해 가져가야 한다.	손전등	밤에 길을 찾기 위해 가져가야 한다.
포대기(자루)	모래 언덕에서 미끄럼틀을 타기 위해서 가져가야 한다.	운동화	뜨거운 모래 위를 걷기 위해서 가져가야 한다.
공책과 볼펜	사막에서 일기를 쓰고 싶어서 가져갈 것이다.	성능 좋은 카메라	밤에 별을 찍기 위해 가져가야 한다.
물티슈	세수하기 힘들 때 쓰기 위해서 가져가야 한다.	선글라스, 스카프	태양과 모래 바람으로부터 눈을 보호하기 위해서 가져가야 한다.
핫팩	밤에는 춥기 때문에 가져가야 한다.	약	아플 때 먹기 위해서 가져가야 한다.

②

가고 싶은 곳	남극
이유	큰 얼음 덩어리들을 직접 보고 싶어서 가고 싶다.

가지고 갈 물건	이유	가지고 갈 물건	이유
작은 물고기	펭귄을 만나면 주고, 가까이에서 사진을 찍고 싶어서 가져갈 것이다.	방수 장갑	손이 시릴 것 같아서 가져가야 한다.
스케치북, 펜	직접 본 남극의 모습을 그림으로 그리고 싶어서 가져갈 것이다.	카메라	직접 본 얼음 덩어리들의 사진을 많이 남기고 싶어서 가져가야 한다.
버너	얼음을 녹여서 물로 사용하기 위해 가져가야 한다.		
호루라기	바다 근처에서 호루라기를 불어 남극에 사는 고래를 불러보고 싶어서 가져갈 것이다.		
방수복, 우산	눈이 많이 내릴 경우를 대비하기 위해서 가져가야 한다.		

문 08 P. 18

문항 분석 및 평가표 

→ **문항 분석 :** "빨리 안 오면 엄마한테 이를 거야.", "빨리 안 일어나면 경찰 아저씨한테 너 잡아가라고 할 거야" 등의 단순한 말로 동생의 심리를 자극하는 것보다 형과 동생의 나이 차이, 시골의 풍경, 동생이 힘들다며 주저앉았을 때 주변의 상황과 연관 지어 재미있는 방법을 떠올려 보세요. (독창성, 정교성)

→ **평가표 :**

주변 상황을 이용하지 않고 방법을 제시한 경우	2 점
주변 상황을 이용하여 방법을 제시한 경우	4 점
방법을 2 가지 이상 제시한 경우	+1 점
총합계	5 점

출제자 예시 답안

→ ① 닭, 개, 오리를 동생 쪽으로 부르고 형이 외갓집 쪽으로 뛰어가서 따라오게 한다.
② 지금 앉은 자리 바로 앞에 있는 닭, 개, 오리를 기르는 집이 외갓집이라고 말한다.
③ 개똥을 깔고 앉았다고 얼른 일어나서 외갓집으로 씻으러 가자고 한다.
④ 자전거 타는 것을 좋아하는 동생에게 외갓집에 자전거가 있는데, 먼저 타는 사람이 임자라고 말하고 뛰어간다.

문 09 P. 19

문항 분석 및 평가표 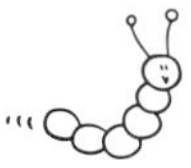

→ **문항 분석 :** 일상생활에서 자신이 사용하고 있는 숫자를 떠올려 보세요. 음악, 과학, 스포츠 등 다양한 분야에서 생각할수록 답을 쓰기 쉬워질 것입니다. (유창성, 융통성)

→ **평가표 :**

0 개 쓴 경우	0 점
각 예를 1 가지씩 모두 쓰지 못한 경우	4 점
각 예를 1 가지씩 모두 쓴 경우	6 점

출제자 예시 답안

→

수	수가 사용되는 예	수	수가 사용되는 예
1	- 태양은 1 개이다. - 얼굴에 입은 1 개이다. - 축구 경기에서 한 팀당 골키퍼는 1 명이다.	6	- 우리나라 초등학교는 6 학년까지 있다. - 6 월 6 일은 현충일이다. - 9 를 뒤집으면 6 이 된다.
2	- 젓가락 한 쌍은 젓가락 2 개이다. - 우리나라는 현재 남한과 북한 2 개로 분리된 분단국가이다. - 대부분 사람은 2 개의 발로 걸어 다닌다.	7	- 무지개는 보통 빨강, 주황, 노랑, 초록, 파랑, 남색, 보라 7 가지의 색깔로 이루어져 있다. - 일주일은 월, 화, 수, 목, 금, 토, 일 7 개의 요일로 되어있다.
3	- 우리나라는 3 개의 면이 바다로 되어있다. - 우리나라는 3 월에 새 학기가 시작된다. - 삼각대의 고정 다리는 3 개이다.	8	- 낙지는 8 개의 다리가 있다. - 팔각형은 8 개의 각을 가진 다각형이다.

4	- 포유류의 다리는 4 개이다. - 우리나라에는 봄, 여름, 가을, 겨울 4개의 계절이 있다. - 동, 서, 남, 북 4개의 방위가 있다.	9	- 구구단은 1 부터 9 까지의 두 수를 곱한 곱셈표를 말한다. - 전화기의 번호는 0 부터 9 까지 있다.
5	- 5 월 5 일은 어린이날이다. - 사람의 손은 대부분 5 개의 손가락을 가지고 있다. - 농구는 5 명이 한 팀을 이룬다.	10	- 두 손의 손가락 수를 합치면 총 10 개이다. - 우리나라의 10 원짜리 동전에는 다보탑이 있다.

문 10

P. 20

문항 분석 및 평가표

⟶ **문항 분석 :** 씨 없는 수박은 씨가 없어 먹을 때 편리함을 줄 뿐만 아니라 씨가 있는 수박보다 단맛이 더 강합니다. 그래서 씨 없는 수박이 나왔을 때 사람들의 많은 관심을 받았습니다. 이처럼 내가 먹기 불편하다고 생각했던 과일을 어떻게 바꾸면 인기를 끌 수 있을지 생각해 봅시다. (유창성, 독창성)

⟶ **평가표 :**

씨 없는 수박과 같이 씨를 없애는 방법만 쓴 경우	2 점
씨를 없애는 방법 이외의 답을 1 ~ 2 가지 쓴 경우	3 점
씨를 없애는 방법 이외의 답을 3 가지 이상 쓴 경우	5 점

출제자 예시 답안

⟶ ① 사과, 아침밥 대신에 사과를 먹는 것처럼 사과를 찾는 사람들이 더 많아지도록 한입에 먹기 좋게 방울 토마토 크기로 만든다.
② 복숭아, 복숭아 알레르기가 있는 사람들을 위해 알레르기 성분을 제거하는 방법을 찾아 키운다.
③ 체리, 씨를 없애 한입에 먹고 씨를 뱉을 필요도 없게 한다.

문 11

P. 20

문항 분석 및 평가표

⟶ **문항 분석 :** 우리는 사람이 높은 곳에서 떨어지면 다칠 것이라는 것을 알고 있습니다. 이와 같이 당연하게 생각하는 상황들에 대해 남들과는 다른 생각을 하여 창의성을 발휘해 보세요. (융통성, 독창성)

⟶ **평가표 :**

답이 대화와 관련이 있고, 가능성이 충분한 경우	5 점

출제자 예시 답안

⟶ ① 63 빌딩은 청소부들이 창문을 청소할 때, 청소 중에 떨어질 수 있는 상황을 대비해서 밑에 공기 안전 매트를 설치해 놓는대.
② 그러니깐 말이야. 이유를 들으려고 했는데 엄마가 집에 돌아오시는 순간 나도 모르게 TV 를 꺼버렸어. 혹시 너는 들었나 해서 물어봤어.
③ 나도 너처럼 놀라서 TV 를 자세히 보니 서울에 유삼 빌딩이라고 유명한 사람들이 많이 사는 낮은 건물이었어! 너도 내가 정말 놀란 느낌을 느껴보라고 63 빌딩이라고 말해봤어.
④ 다행히 2층 창문을 청소하고 있었대!

문 12 P.21

문항 분석 및 평가표

→ 문항 분석 : 주어진 상황에서 토끼의 고민을 해결할 수 있는 방법을 묻는 문제로 자신만의 참신한 생각을 제시할 수 있는지 보는 문항입니다. (융통성, 독창성)

→ 평가표 :

방법을 맞게 1 가지 쓴 경우	2 점
방법을 맞게 2 가지 쓴 경우	4 점
방법을 맞게 3 가지 이상 쓴 경우	5 점

출제자 예시 답안

→ ① 하나의 접시를 정하여 그 접시로만 주스를 가득 채워 각각 나눠준다.
② 하나의 국자를 정하여 그 국자로만 2 번씩 떠서 각각 나눠준다.
③ 같은 송곳으로 종이컵 바닥에 직선으로 같은 거리만큼 구멍을 3 개 뚫는다. 이때 각각 한 개의 구멍당 한 개의 접시를 놓을 수 있는 거리만큼 구멍을 뚫는다. 시계를 보면서 2 분 동안 주스를 종이컵에 부어주면 3 개의 접시에 같은 양이 들어갈 수 있다.

문 13 P.22

문항 분석 및 평가표

→ 문항 분석 : 내가 영재라고 생각하고 답을 떠올리면 좋은 방법이 떠오를 수 있습니다. 영재가 선물로 받은 축하 편지나 학용품을 이용하여 찾아내는 방법도 생각해 보세요. (융통성, 독창성)

→ 평가표 :

방법을 적절하게 1 가지 쓴 경우	3 점
방법을 적절하게 2 가지 이상 쓴 경우	5 점

출제자 예시 답안

→ ① 반에서 "이거 내꺼 아니니까 나는 가질 수가 없어. 담임 선생님께 드려야지" 라고 크게 외친다.
② 생일 축하 편지의 글씨체를 반 친구들의 글씨체와 비교해 본다.
③ 반에서 선물로 받은 학용품의 스타일과 같은 학용품을 가진 친구를 찾아낸다.
④ 자신의 것을 사는 대신에 내 것을 사준 것이므로 학용품이 갑자기 부족하게 된 친구를 찾는다.
⑤ 학교 앞 문방구에 가서 학용품을 한꺼번에 구매한 사람이 없는지 알아본다.

문 14 P.22

문항 분석 및 평가표

→ 문항 분석 : 지구는 현재 지구 온난화로 많은 어려움을 겪고 있습니다. 지구 온난화로 인해 어떤 문제가 발생하고 있는지, 원인은 무엇인지, 해결방안에는 무엇이 있을지 등 온난화와 관련된 다양한 주제에 대해 제시어를 사용하여 문장을 만들어 보세요. (융통성, 정교성)

→ 평가표 :

제시어를 사용하여 1 개의 문장을 만든 경우	3 점
제시어를 사용하여 2 개의 문장을 만든 경우	4 점
제시어를 사용하여 3 개의 문장을 모두 만든 경우	6 점

출제자 예시 답안

→ – 무지개를 사용한 경우 :

① 지구 온난화로 인한 이상 기온 현상 때문에 비가 많이 와서 무지개를 자주 볼 수 있게 되었다.

② 지구 온난화의 주요 원인이 되는 기체를 많이 배출하는 자동차보다는 걸어 다니는 습관을 가지면 비가 오는 날에 뜨는 멋진 무지개를 더 자세히 바라볼 수 있다.

– 화장지를 사용한 경우 :

① 우리가 화장지를 많이 낭비하면서 지구 온난화로 인한 해수면 상승을 주변의 나무들이 막아주지 못하고 있다.

② 지구 온난화의 주요 원인이 되는 이산화 탄소 기체를 흡수하는 나무를 지키기 위해 화장지 대신에 손수건으로 손을 닦는 습관을 가져야 한다.

– 섬을 사용한 경우 :

① 투발루라는 섬은 이상 기온 현상 때문에 해수면이 상승해서 점점 가라앉고 있다.

② 투발루라는 섬 근처의 해안에서는 해수의 온도가 상승하여 물고기들이 적응하지 못해 죽고 있다.

문 15
P. 23

문항 분석 및 평가표

→ 문항 분석 : 주어진 두 개의 직선을 이용하여 얼마나 다양하게 그릴 수 있는지 알아보는 문항입니다. 물건이 아닌 그림을 그렸을 때는 제목이 그림의 의미를 전달할 수 있어야 합니다. 남들이 흔히 생각하지 못하는 물건이나 그림을 그릴수록 독창성이 뛰어나다고 평가되고, 물건이나 그림을 자세하게 그릴수록 정교성이 뛰어나다고 평가됩니다. (유창성, 정교성)

→ 평가표 :

1 가지 그리고, 이름이나 제목을 붙인 경우	3 점
2 가지 그리고, 이름이나 제목을 붙인 경우	4 점
3 가지 이상 그리고, 이름이나 제목을 붙인 경우	5 점

출제자 예시 답안

→

[회전목마]

[아기 새를 지키는 어미 새]

문 16
P. 24

문항 분석 및 평가표

→ 문항 분석 : 주어진 시간 내에 각각의 감각기관에 해당하는 관찰을 얼마나 많이 할 수 있는지를 통해 유창성을 평가하는 문항입니다. 자신의 경험을 떠올려 관찰한다면 더 높은 점수를 받을 수 있습니다. (유창성, 융통성)

—> **평가표 :**

각각의 감각기관에 대해 1 ~ 3 개의 관찰을 적은 경우	3 점
각각의 감각기관에 대해 4 개 이상의 관찰을 적은 경우	5 점
나의 경험을 살려 관찰한 경우	+1 점
총합계	6 점

출제자 예시 답안

—>

감각 기관	관찰 내용
눈	- 진한 갈색이다. - 구멍이 있다. - 뾰족한 부분이 있다. - 안쪽이 흰색이다. - 줄무늬 모양이 보인다. - 달팽이의 등껍질과 닮았다. - 엄마와 수족관에 놀러 가서 봤던 것과 똑같이 생겼다.
코	- 쓴 냄새가 난다. - 바다에서 맡았던 냄새가 난다. - 놀이터에서 맡았던 흙냄새가 난다. - 비린내가 느껴지는 것을 보아 구멍 안에 게가 있을 것 같다. - 아빠가 데리고 갔던 낚시터에서 맡았던 냄새가 난다.
귀	- 귀에 대면 파도 소리가 들린다. - TV에서 들었던 트럼펫 소리가 들린다. - 두들겨보면 딱딱한 소리가 들린다. - 긁어보면 부스러지는 소리가 들린다. - 양쪽 귀를 막고 있을 때 들리는 소리와 비슷하다.
손(피부)	- 꺼칠꺼칠하다. - 딱딱하다. - 안쪽이 미끄럽다. - 조개에 가시가 있는 느낌이다. - 쉽게 만져볼 수 없는 감촉을 느꼈다. - 만지면 작은 조각들이 묻어 나온다. - 꺼칠꺼칠한 느낌이 놀이터에서 넘어졌을 때 손바닥이 까지는 느낌과 비슷했다.

문 17

P. 25

문항 분석 및 평가표

—> **문항 분석 : 우리 주변에는 어떤 소리가 들리는지 집중해 볼 수 있고, 그 소리를 표현해 보는 기회를 가질 수 있습니다. 쉽게 볼 수 있는 재료를 이용해 소리를 독창적으로 표현해 보세요. 이러한 재료들에 대해 좀 더 관심을 갖는 계기가 될 것입니다. (독창성, 정교성)**

—> **평가표 :**

재료와 도구를 3 가지 이상 사용하지 않은 경우	3 점
재료와 도구를 3 가지 이상 사용하여 적절한 소리를 표현한 경우	6 점

출제자예시답안

→ – 사용한 재료와 도구 : 페트병, 나무젓가락, 고무줄, 가위, 셀로판테이프
– 표현할 소리 : 기타나 가야금 소리

(그림 참고)
① 가위로 페트병 몸통 부분을 직사각형으로 뚫는다.
② 나무젓가락을 페트병에 뚫은 직사각형 양쪽 끝에 사선으로 붙인다. 이때 나무젓가락에 걸 고무줄이 페트병에 닿으면 안 되기 때문에 나무젓가락을 직사각형 양쪽 끝에 붙일 때 약간 앞쪽에 붙여야 한다.
③ 나무젓가락을 붙인 페트병에 고무줄 3 개를 걸어주고, 고무줄을 양쪽 끝으로 잡아당겨서 팽팽한 정도를 똑같이 해준다.
④ 손으로 고무줄을 튕겨보면 기타나 가야금 소리가 들린다.

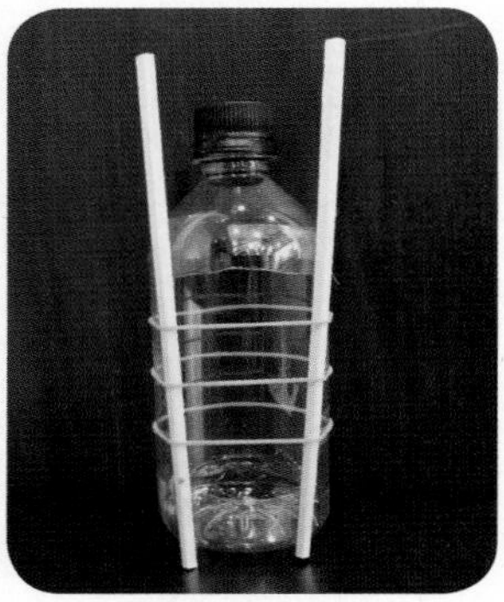

문 18
P. 26

문항 분석 및 평가표

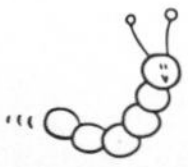

→ 문항 분석 : 물체와 물질에 대한 정의를 떠올려 보고 나라면 물체를 어떤 물질로 만들지, 왜 그 물질로 만들고 싶은지 창의적으로 써 보세요. (1) 번 문제의 답을 쓰면서 여러 물질의 특징에 대해 알고, 그 물질의 특성을 생각하여 (2) 번의 답을 써 보세요. (융통성, 독창성)

→ 평가표 :

(1) 번 물체와 장점을 맞게 쓴 경우	3 점
(2) 번 〈보기〉 와 같이 모두 맞게 쓴 경우	3 점
총합계	6 점

출제자예시답안

→ (1) ①

물체	모자
장점	플라스틱 : 충격으로부터 보호해 줄 수 있어서 안전하다. 면 : 색깔과 모양을 다양하게 만들 수 있다. 짚 : 여름에 시원하게 쓸 수 있다. , 통풍이 잘돼서 답답하지 않다. 털 : 겨울에 따뜻하게 쓸 수 있다.

②

물체	의자
장점	플라스틱 : 가벼워서 휴대가 편하고, 값이 싸다. 나무 : 다양한 모양으로 만들 수 있다. 쇠 : 튼튼하게 만들 수 있고, 불에 타지 않는다. 돌 : 비와 바람에 강하고, 튼튼하여 오래 사용할 수 있다. 천, 스펀지 : 부드러운 소재로 부딪혀도 크게 다치지 않는다.

(2) 물체 : 자동차 차체
사용되고 있는 물질 : 철
새로 선택한 물질 : ① 플라스틱 : 가볍고 값이 싸다.
② 스티로폼 : 가벼워서 차가 더 빨리 달릴 수 있을 것 같다.
충격을 흡수해주는 정도가 크다.
③ 고무 : 구겨지거나 접혀도 원래의 모양으로 돌아오기 때문에 자동차가 금방 망가지지 않고 오랫동안 탈 수 있다.
접고 펴기가 쉬워서 주차하는데 좀 더 편해질 것 같다.

문 19 P.28

문항 분석 및 평가표

⟶ 문항 분석 : 각 도형의 모양을 보고 얼마나 많은 것을 연상시키는지를 통해 유창성을 평가하는 문항입니다. 사물 이외에 특정 위치에서 바라본 모습이나 친구의 모습 등 다양한 부분에서 찾으려고 노력해 보세요. (유창성, 융통성)

⟶ 평가표 :

각각의 도형에 대해 1 ~ 2 개 쓴 경우	2 점
각각의 도형에 대해 3 ~ 4 개 쓴 경우	4 점
각각의 도형에 대해 5 가지 이상 쓴 경우	5 점

출제자 예시 답안

⟶

(가)	꼬깔 모자, 아이스크림콘, 꼬깔콘 과자, 꼬깔 모양의 주차 금지 표지판, 털모자, 키세스 초콜릿, 꼬깔 모양의 종이컵, 구두의 뾰족한 굽
(나)	축구공 무늬, 장독대를 옆에서 본 모습, 엄마 귀걸이 모양, 너트, 접시 모양
(다)	팽이, 사람 얼굴, 몽땅 연필, 콘센트 머리, 배를 앞에서 본 모습, 교통안전 표지판
(라)	강낭콩, 비누, 눈 모양, 바게트, 돌멩이, 긴 손톱, 액자, 달걀

문 20 P.29

문항 분석 및 평가표

⟶ 문항 분석 : 일상생활에서 자주 사용하던 물체를 새로운 상황에서는 어떻게 사용할 수 있는지 물어보는 것을 통해 융통성과 독창성을 평가하고, 그 물체를 얼마나 정교하게 이용하는지 평가하는 문항입니다. 숲과 바다, 유리컵뿐인 무인도를 떠올려 보세요. (유창성, 독창성, 정교성)

⟶ 평가표 :

방법을 적절하게 1 가지 쓴 경우	3 점
방법을 적절하게 2 가지 쓴 경우	4 점
방법을 적절하게 3 가지 이상 쓴 경우	6 점

출제자 예시 답안

⟶ ① 온도가 낮은 밤과 새벽에 이슬이 맺히는 풀잎에서 물을 모으기 위해 풀잎을 컵 안쪽으로 향하게 둔다.

② 사냥한 동물의 피부에서 기름을 짜 컵에 모은다. 밤에 나뭇가지를 비벼 불을 낼 때 모아둔 기름도 함께 사용한다.

③ 유리컵에 물을 담고 컵의 윗부분을 작은 돌로 때려 소리를 낸다. 소리와 함께 노래를 부르면서 시간을 보낸다.
④ 유리컵을 깨서 유리 조각을 무기로 사용하거나, 작은 동물들을 잡는다.

점수에 따른 성취도 등급

등급	1등급	2등급	3등급	4등급	5등급	총점
평가	86 점 이상	66 점 이상~ 85 점 이하	46 점 이상 ~ 65 점 이하	26 점 이상~ 45 점 이하	25 점 이하	106 점
성취도	영재성을 나타내는 성적으로영재교육원 합격권입니다.	상위권 성적으로 영재교육원 합격권입니다.	우수한 성적으로 약간만 노력하면 영재교육원에 갈 수 있습니다.	올해 영재교육원에 가길 원한다면 열심히 노력해야 합니다.	내년 목표로 꾸준하게 영재교육원 대비를 해야 합니다.	

1 언어/추리/논리

총 20 문제입니다. 문제 배점은 각 문항별 평가표를 참고하면 됩니다. / 단원 말미에서 성취도 등급을 확인하세요.

문 01
P. 30

문항 분석 및 평가표

—> 문항 분석 : '너스레' 라는 단어의 뜻에는 첫 번째로 '그릇의 입구나 흙구덩이 위에 올려놓는 물건이 빠지거나 바닥에 닿지 않게 하려고 아무렇게나 걸쳐 놓은 막대기' 라는 뜻이 있습니다. 두 번째는 아무렇게나 걸쳐 놓은 막대기처럼 '수다스럽게 떠들거나 주책스럽게 과장된 말이나 행동' 을 의미합니다. 문제에 주어진 문장에서는 두 번째의 뜻으로 사용되었습니다.

—> 평가표 :

의미를 맞게 쓴 경우	2 점
같은 의미의 문장을 만든 경우	2 점
총합계	4 점

출제자 예시 답안

—> '너스레를 떨다' 의 의미 : 수다스럽게 떠들거나 주책스럽게 과장된 말과 행동을 하는 것을 의미한다.

같은 의미의 문장 : ① 나보다 공부를 잘하는 영재는 이번 시험도 자신이 더 잘 볼 것이라고 너스레를 떨었다.
② 나는 엄마에게 엄마가 아끼는 컵을 깨뜨렸다고 너스레를 떨며 잘못을 그냥 넘어가려고 했다.
③ 영재교육원에 합격한 무한이는 소원을 풀었다며 너스레를 떨었다.

문 02
P. 31

문항 분석 및 평가표

—> 문항 분석 :문제에 제시된 속담의 의미를 친구에게 설명해 준다고 생각하고 답을 써 보세요. 속담과 관련된 나의 경험을 떠올려보거나 주위 사람들의 행동에서 찾는다면 답을 쓰는 데 도움이 될 것입니다.

—> 평가표 :

일부만 적절하게 표현한 경우	3 점
모두 적절하게 표현한 경우	5 점

출제자 예시 답안

—> 싼 게 비지떡이다.
→ ① 싼 게 부실 공사를 일으킨다.
→ ② 싼 게 싸구려 값을 한다.

굼벵이도 구르는 재주가 있다.
→ ① 공부는 항상 꼴찌지만, 반에서 축구는 제일 잘한다.
→ ② 타고난 악필이지만, 그림은 잘 그린다.

하늘이 무너져도 솟아날 구멍이 있다.
→ ① 시험공부를 못했는데 시험이 미뤄졌다.
→ ② 친구의 장난감을 망가뜨린 줄 알고 식겁했는데 원래 고장 나 있던 것이라고 해서 안도의 한숨을 내쉬었다.

문 03
P. 32

문항 분석 및 평가표

—> 문항 분석 :해설 참조.

—> 평가표 :

답이 일부만 맞은 경우	2 점
답이 모두 맞은 경우	6 점

정답 및 해설

—> 정답 :

생	일	축	하	해
[노란]색	[파란]색	[빨간]색	[노란]색	[빨간]색

—> 해설 : 카드의 '생일 축하해' 라는 각각의 글자는 다음과 같이 일정한 규칙으로 바뀌고 있다.

순서	파란색	→ 빨간색	→노란색
유지 시간	3 분	2 분	1 분

생 : 파란색이었던 '생' 은 3 분 동안 유지되고 빨간색으로 바뀐 뒤 2 분 동안 유지되면 5 분이 지난다. 이때, 노란색으로 바뀌는 순간이므로 정답은 노란색이다.

일 : 빨간색이었던 '일' 은 2 분 동안 유지되고 노란색으로 바뀐 뒤 1 분 동안 유지되며 다시 파란색으로 바뀌었을 때 5 분이 지나므로 정답은 파란색이다.

축 : 노란색이었던 '축' 은 1 분 동안 유지되고 파란색으로 바뀐 뒤 3 분 동안 유지되며 다시 빨간색으로 바뀌었을 때 5 분이 지나므로 정답은 빨간색이다.

하 : '하' 는 '생' 과 시작하는 불빛의 색이 같으므로 5 분 뒤에도 같은 노란색이 정답이다.

해 : '해' 는 '축' 과 시작하는 불빛의 색이 같으므로 5 분 뒤에도 같은 빨간색이 정답이다.

문 04
P. 33

문항 분석 및 평가표

—> 문항 분석 : 주어진 <보기> 의 결과를 이용하여 나라별 최종 순위를 찾아야 합니다. 결과를 정교하게 파악하고 분석해야 하므로 그림을 그려서 문제를 푸는 방식이 효과적일 수 있습니다.

—> 평가표 :

답이 맞는 경우	5 점

정답 및 해설

—> 정답 : 1등 : 자메이카, 2등 : 미국, 3등 : 멕시코, 4등 : 대한민국, 5등 : 독일, 6등 : 일본

—> 해설 : 다음은 <보기> 의 결과를 바탕으로 나라별 결승선 통과 후의 순서를 나타낸 그림이다. 따라서, 결승선과 멀리 있을 수록 먼저 들어온 나라이다.

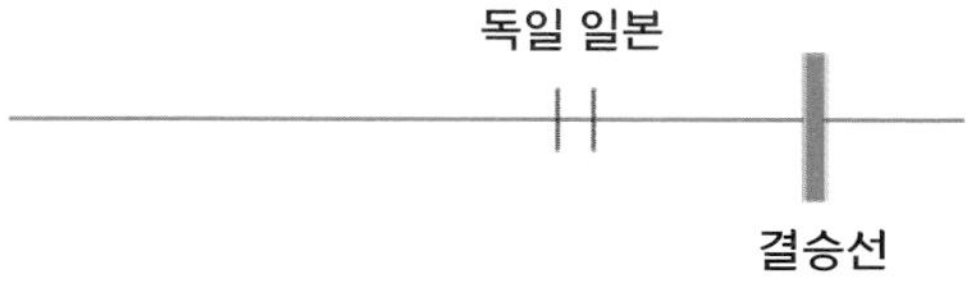

ㄱ 을 보면 일본 선수가 독일 선수 바로 뒤에 결승선을 통과했음을 알 수 있다.

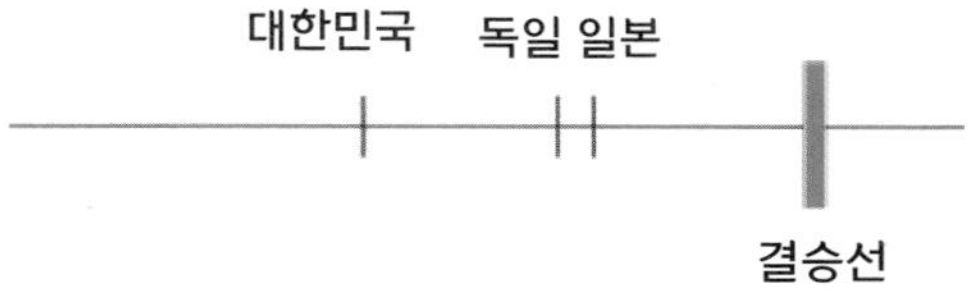

ㄷ 을 보면 대한민국 선수는 일본 선수보다 먼저 들어 왔다. 이때 ㄱ 에서 독일 선수 바로 뒤에 일본 선수가 들어왔다고 했으므로 독일 선수 앞이 대한민국 선수이다.

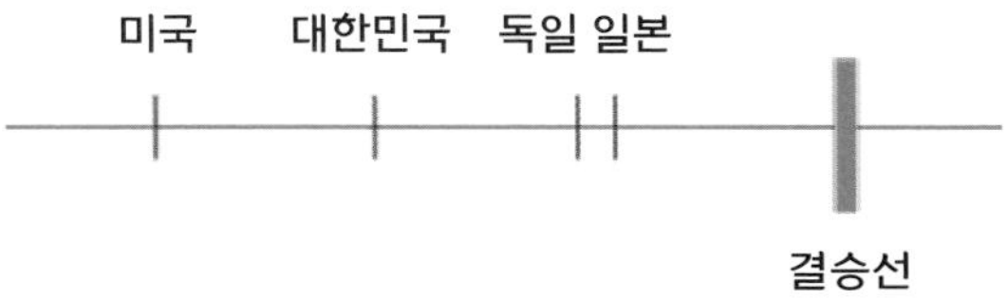

ㅁ 을 보면 미국 선수는 대한민국 선수보다 먼저 들어왔음을 알 수 있다.

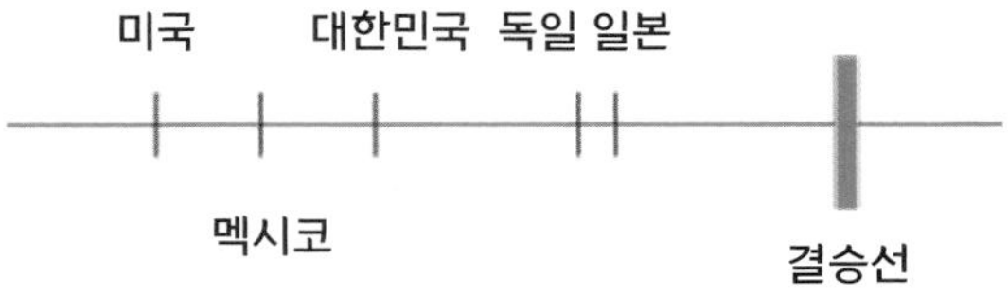

ㄴ 을 보면 멕시코 선수는 미국 선수와 대한민국 선수 사이에 들어왔음을 알 수 있다.

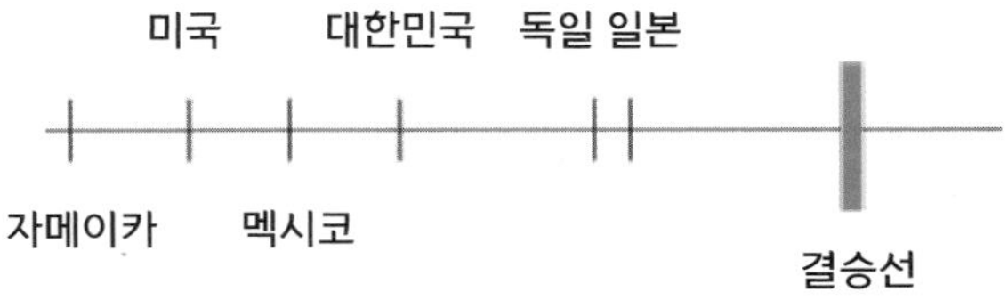

ㄹ 을 보면 미국 선수는 자메이카 선수보다 늦게 들어왔음을 알 수 있다.

따라서, 자메이카, 미국, 멕시코, 대한민국, 독일, 일본 순서로 결승선을 통과했다.

문 05 P.33

문항 분석 및 평가표

⟶ 문항 분석 : 내가 주어진 글에 나오는 인물이라면 어떤 생각을 하고, 어떻게 행동할지 떠올려 보세요. 상상이가 우리 반 친구였다면 나는 어떻게 했을까요? 반대로 내가 상상이라면 어떤 벌칙을 무서워할까요? 내가 그 상황에 있다고 생각하고 답을 떠올려 보세요.

⟶ 평가표 :

적절한 방법을 쓴 경우	5 점

출제자 예시 답안

⟶ ① 상상이에게 우리 모둠의 규칙을 직접 정해보라고 이야기한다.

② 모둠원의 이름을 써서 스티커 판을 만들고 규칙을 어길 때마다 해당하는 사람에게 스티커를 붙인다. 일주일 뒤에 스티커가 가장 많이 붙어있는 사람을 제외하고 맛있는 것을 먹으러 간다.

문 06 P.34

문항 분석 및 평가표

⟶ 문항 분석 : 해설 참조.

⟶ 평가표 :

답이 일부만 맞은 경우	2 점
답이 모두 맞은 경우	6 점

정답 및 해설

⟶ 정답 :

(가)	1 번 물약	(라)	물
(나)	2 번 물약	(마)	5 번 물약
(다)	4 번 물약	(바)	3 번 물약

⟶ 해설 : 각 실험 결과를 바탕으로 동물에게 어떤 물약을 먹였을 때 어떤 효과가 공통으로 나타나는지 찾으면 된다.

① 실험 1 : (가), (나), (다) 물약을 먹였을 때, 4 번 물약, 2 번 물약, 1 번 물약의 효과가 나타났다.
실험 2 : (가), (라), (마) 물약을 먹였을 때, 5 번 물약, 1 번 물약의 효과가 나타났다.
→ 공통 : (가) 와 1 번 물약, 따라서 (가) 는 1번 물약이다.

② 실험 2 : (가), (라), (마) 물약을 먹였을 때, 5 번 물약, 1 번 물약의 효과가 나타났다.
실험 3 : (다), (라), (바) 물약을 먹였을 때, 3 번 물약, 4 번 물약의 효과가 나타났다.
→ 실험 2 와 실험 3 에서 주목해야 할 점은 3 개의 물약을 먹였지만, 효과는 2 개만 나타났으므로 물이 포함되어 있다는 것을 알 수 있다.
→ (라) 는 공통적이지만 같은 효과가 나타나지 않았으므로 (라) 가 물이다.

③ 실험 1 : (가), (나), (다) 물약을 먹였을 때, 4 번 물약, 2 번 물약, 1 번 물약의 효과가 나타났다.
실험 3 : (다), (라), (바) 물약을 먹였을 때, 3 번 물약, 4 번 물약의 효과가 나타났다.
→ 공통 : (다) 와 4 번 물약, 따라서 (다) 는 4 번 물약이다.

④ 실험 1 : (가), (나), (다) 물약을 먹였을 때, 4 번 물약, 2 번 물약, 1 번 물약의 효과가 나타났다.
→ (가) = 1 번 물약, (다) = 4 번 물약, 따라서 (나) 가 2 번 물약이다.

⑤ 실험 2 : (가), (라), (마) 물약을 먹였을 때, 5 번 물약, 1 번 물약의 효과가 나타났다.

→ (가) = 1번 물약, (라) = 물, 따라서 (마) 가 5 번 물약이다.

⑥ 실험 3 : (다), (라), (바) 물약을 먹였을 때, 3 번 물약, 4 번 물약의 효과가 나타났다.

→ (다) = 4 번 물약, (라) = 물, 따라서 (바) 가 3 번 물약이다.

그러므로 (가) 1 번 물약, (나) 2 번 물약, (다) 4 번 물약, (라) 물, (마) 5 번 물약, (바) 3 번 물약이다.

문 07

P. 35

문항 분석 및 평가표

⟶ 문항 분석 : 해설 참조.

⟶ 평가표 :

괄호를 일부만 맞춘 경우	2 점
괄호를 모두 맞춘 경우	6 점

정답 및 해설

⟶ 정답 : (칼레) 는(은) (이누크) 의 아버지이다.
(이누크) 는(은) (주아트) 의 아버지이다.
(주아트) 는(은) (알리팍) 의 아버지이다.
(알리팍) 는(은) (파리아릭) 의 아버지이다.

⟶ 해설 : 가족 간의 관계를 빠르게 알아보기 위한 가계도를 그려서 문제에 접근하면 된다.
빈칸은 어머니로 두고 가계도를 그려서 풀이한 경우이다.

① 파리아릭의 '알리팍이 내 아버지야' 라는 대사를 보면, 알리팍은 파리아릭의 아버지임을 알 수 있다.

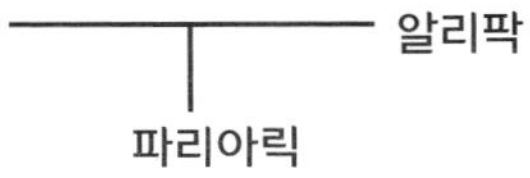

② 이누크의 '내 손자가 파리아릭의 아빠야' 라는 대사를 보면, 이누크의 손자가 알리팍임을 알 수 있다.

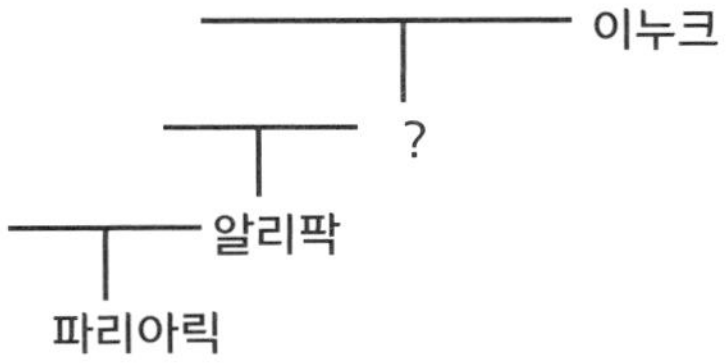

③ 알리팍의 '우리 할아버지는 주아트의 아버지야' 라는 대사를 보면, 알라팍의 아버지가 주아트임을 알 수 있다.

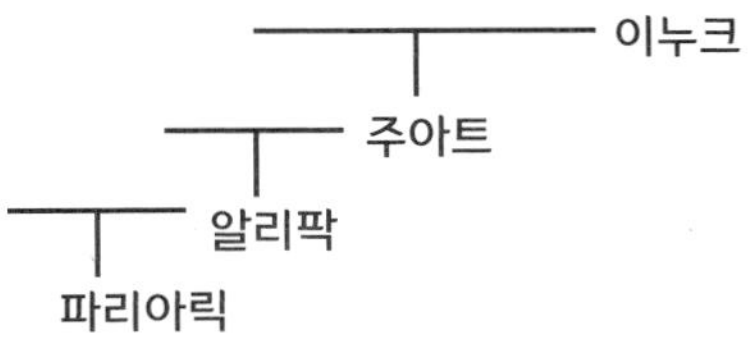

④ 주아트의 '칼레가 내 할아버지였어' 라는 대사를 보면, 이누크의 아버지가 칼레임을 알 수 있다.

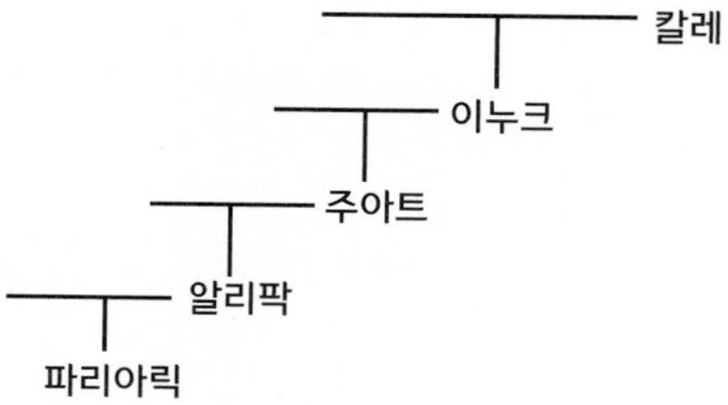

문 08
P.36

문항 분석 및 평가표

⟶ 문항 분석 : 이 문제는 논리적인 근거가 있는 답을 원하는 것이 아니라 앞 문장과 관련 있는 의미로 문장을 자연스럽게 표현해 보는 문항입니다. '강아지는 사랑을 받는다.' 라는 결론이 나오기 위해 ㉠ 의 문장과 관련지을 수 있는 ㉡ 의 문장을 생각해야 합니다. 친구네 집에 놀러 가서 강아지를 봤는데 그 강아지가 친구의 어떤 모습과 닮았는지 생각해 보는 것도 좋은 방법이 될 수 있습니다.

⟶ 평가표 :

문장의 연결이 자연스러운 경우	5 점

출제자 예시 답안

⟶ ㉡ – 강아지는 감정적인 면에서 사람과 같다.
– 강아지는 사람처럼 각자의 매력을 가지고 있다.

문 09
P.36

문항 분석 및 평가표

⟶ 문항 분석 : 무한이와 상상이가 어떤 주제로 대화를 하고 있는지 파악해 보세요. 대화를 읽으면 각자 생각하는 키의 기준이 다르므로 논쟁이 발생한 것을 알 수 있습니다. 사람에 따라 키의 기준을 자신으로 정하고 '나보다 작으면 작다.' 라고 할 수도 있고, 수치를 정하여 '180 cm 이하이면 작다.' 라고 할 수도 있습니다.

⟶ 평가표 :

논쟁이 발생한 이유를 맞게 쓴 경우	5 점

정답 및 해설

⟶ 정답 : 무한이와 상상이의 '키가 큰 사람' 의 기준이 다르기 때문이다.
상상이의 키가 큰 사람의 기준은 무한이의 기준보다 더 크므로 논쟁이 일어날 수밖에 없었다.

문 10
P.37

문항 분석 및 평가표

⟶ 문항 분석 : 바로 전의 무한이의 말에 대한 엄마의 대답을 써도 틀리지는 않지만 엄마가 무한이에게 하는 말에 대해 의미를 잘 생각해 보세요. 무한이가 엄마의 말을 듣고 성적과 행복을 연관시키는 것이 적절한 논리인지 생각해 보면 엄마의 다음 말이 다양하게 떠오를 것입니다.

⟶ 평가표 :

엄마의 말을 적절하게 쓴 경우	5 점

출제자예시답안

→ ① 성적에 대해서만 이야기 하는 것이 아니라 너의 게으른 행동이 문제야. 노력은 해야지.
② 누가 모두 백 점 맞아 오라고 했니? 적어도 시험 기간에는 공부를 했어야지.
③ 그럼 너의 행복은 뭐니?
④ 그럼 너는 행복이 무엇으로 결정된다고 생각하니?

점수에따른 성취도 등급

등급	1등급	2등급	3등급	4등급	5등급	총점
평가	42 점 이상	32 점 이상~ 41 점 이하	22 점 이상 ~ 31 점 이하	12 점 이상~ 21 점 이하	11 점 이하	52 점
성취도	영재성을 나타내는 성적으로영재 교육원 합격권입니다.	상위권 성적으로 영재교육원 합격권입니다.	우수한 성적으로 약간만 노력하면 영재교육원에 갈 수 있습니다.	올해 영재교육원에 가길 원한다면 열심히 노력해야 합니다.	내년 목표로 꾸준하게 영재교육원 대비를 해야 합니다.	

1 과학 창의성

총 20 문제입니다. 문제 배점은 각 문항별 평가표를 참고하면 됩니다. / 단원 말미에서 성취도 등급을 확인하세요.

문 01
P. 38

문항 분석 및 평가표

⟶ 문항 분석 : 고체, 액체, 기체 상태의 성질을 모두 알고 있어야 합니다. 문제에 대해 정확한 답을 찾기보다는 자신이 답으로 선택한 이유를 적절하게 설명하세요. (융통성)

⟶ 평가표 :

상태를 선택하고, 1 ~ 2 가지의 이유만 맞게 쓴 경우	3 점
상태를 선택하고, 3 가지의 이유를 모두 쓴 경우	5 점

출제자 예시 답안

⟶ – 고체
① 손으로 잡을 수 있어서 손에 쥐고 놀 수 있다.
② 모양을 변형시킬 수 있다.
③ 형태를 가지고 있다.
– 액체
① 눈에 보인다.
② 담는 그릇의 모양으로 변할 수 있다.
③ 손으로 끝 부분을 잡고 있으면 밑으로 늘어난다. 흐르는 성질이 있다고 볼 수 있다.

문 02
P. 39

문항 분석 및 평가표

⟶ 문항 분석 : 먼저 기온이 높고, 풀과 나무가 잘 자라는 곳에 사는 코끼리의 모습이 왜 그렇게 생겼는지 과학적인 이유를 생각해 보면 도움이 될 것입니다. 추운 지방에 사는 동물의 모습이나 사막여우와 북극여우의 차이점 등을 떠올려 보세요. (융통성, 정교성)

⟶ 평가표 :

변화되는 모습을 1 ~ 2 가지 예상하고, 이유를 쓴 경우	3 점
변화되는 모습을 3 가지 이상 예상하고, 이유를 쓴 경우	5 점

출제자 예시 답안

⟶ 코끼리의 귀는 매우 작을 것이고 흰색의 털을 가지고 있을 것이다. 또한 코끼리의 몸집이 지금보다 훨씬 크고, 피부밑에 지방이 많아져서 코끼리의 몸이 더욱 출렁거릴 것이다.

이유 : 기온이 높은 지역에 사는 코끼리는 귀로 체열을 내보내 체온 조절을 하는데 추운 북극 지방에서 사는 코끼리는 많은 체열을 내보낼 필요가 없으므로 귀가 작을 것이고, 체온을 유지하기 위해 털도 가지고 있을 것이다. 그 털은 눈과 얼음이 대부분인 북극 지방에서 사냥꾼들에게 들키지 않기 위해 보호색인 흰색일 것이다. 코끼리의 몸집은 추운 북극 지방에서는 몸의 열이 빠져나가는 것을 막는 피부밑의 피하지방이 많아져 지금보다 크고, 더욱 출렁거릴 것이다.

문 03
P. 39

문항 분석 및 평가표

⟶ 문항 분석 : 해설 참조.(융통성, 정교성)

⟶ 평가표 :

광합성 내용을 설명한 경우	3 점
육지에 사는 식물과 비교하면서 광합성 내용을 설명한 경우	6 점

정답 및 해설

⟶ 정답 : 다시마의 잎사귀에는 육지에 사는 식물과 달리 물관과 체관이 없지만, 엽록소가 있어 바다의 표면을 통해 들어오는 햇빛과 바닷물 속의 이산화 탄소를 사용하여 광합성을 할 수 있다. 또한, 잎사귀가 부드럽고 구부러지기 쉬워 바닷물에 이리저리 흔들려도 찢어지지 않기 때문에 바닷물 속에서도 잘 자랄 수 있다.

⟶ 해설 : 미역이나 다시마를 해조류라고 한다. 해조류는 육지에 있는 식물과 비슷한 모습으로 아래쪽에 뿌리가 있고, 잎사귀를 가지고 있다. 하지만 해조류에서 뿌리는 흙 속의 물과 양분을 빨아들이는 구조가 아니라 바위에 붙어 있는 역할을 한다. 해조류의 잎사귀를 엽상체라고 한다. 엽상체에는 엽록소가 있어서 바다의 표면을 통해 들어오는 햇빛과 바닷물 속의 이산화 탄소를 사용하여 광합성을 할 수 있다. 해조류가 많은 바닷물 속에서는 광합성량이 증가하여 산소가 많이 생성되면 바닷물 표면 위로 산소 방울이 올라오는 현상이 보이기도 한다. 다시마의 엽상체는 육지에 사는 식물과 달리 물관과 체관이 없고, 잎사귀가 부드럽고 구부러지기 쉬워 바닷물에 이리저리 흔들려도 찢어지지 않기 때문에 바닷물 속에서도 잘 자랄 수 있다. 또한, 미역이나 다시마와 같은 해조류는 주로 포자에 의해 번식하여 개체 수를 늘리고 유지한다.

문 04
P. 40

문항 분석 및 평가표

⟶ 문항 분석 : 직진하는 빛이 지나가는 길에 불투명한 물체를 놓아두면, 물체가 막아 빛이 도달하지 못하는 부분에 그림자가 생깁니다. 물체와 광원과의 거리, 물체를 비추는 광원의 고도, 광원의 위치에 따라 그림자의 모양과 크기가 변하는 것을 생각하여 답을 써 보세요. (융통성, 정교성)

⟶ 평가표 :

방법을 1 가지 쓴 경우	3 점
방법을 2 가지 쓴 경우	4 점
방법을 3 가지 쓴 경우	6 점

출제자 예시 답안

⟶ ① 물체의 바로 위에서 빛을 비춘다.
② 여러 개의 손전등을 사용하여 물체 주변에서 원 모양으로 빛을 비춘다.
③ 물체의 주변에 원 모양으로 작은 거울을 여러 개 두고 빛을 비춘다.
④ 손전등을 물체에 붙여서 비춘다.

⟶ 해설 : 그림자는 불투명한 물체가 직진하는 빛이 지나가는 길을 막아 빛이 도달하지 못하는 부분에 생기게 된다.
① 물체의 바로 위에서 빛을 비추면 물체의 바닥면 쪽에 그림자가 생기기 때문에 보이지 않는다.

② 여러 개의 손전등을 사용하여 물체 주변에서 원 모양으로 빛을 비추면 빛이 도달하지 않는 부분이 생기지 않으므로 그림자가 보이지 않는다.

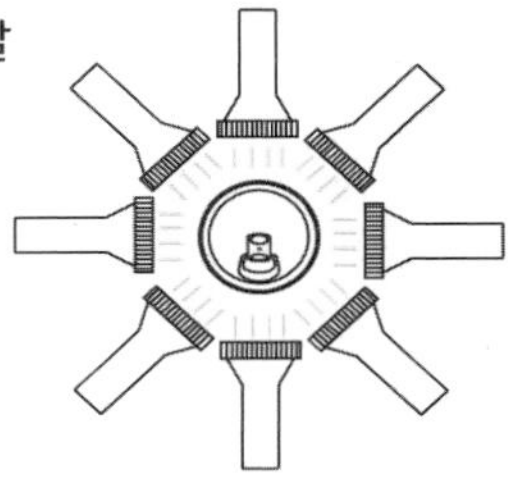

③ 물체 주변 곳곳에 작은 거울을 두고 빛을 비추면 빛이 주변 거울에 의해 반사되면서 빛이 도달하지 않는 부분이 생기지 않으므로 그림자가 보이지 않을 것입니다.

④ 손전등을 물체에 붙여서 비추면 빛이 차단되어 그림자가 생기지 않는다.

문 05
P. 41

문항 분석 및 평가표

⟶ **문항 분석 :** 개구리는 양서류에 해당하므로 양서류와 개구리에 대해 알고 있으면 사육 상자를 창의적으로 꾸밀 수 있을 것입니다. 생각해내기 어렵다면 사육 상자 안에 필요한 것들을 그림으로 그리면서 준비물을 하나씩 찾아보세요. (독창성, 정교성)

⟶ **평가표 :**

준비물만 쓴 경우	2 점
준비물과 이유를 5 가지 모두 쓰지 못한 경우	3 점
준비물과 이유를 5 가지 모두 쓴 경우	5 점

출제자 예시 답안

⟶

	준비물	이유
1	뚜껑에 촘촘한 구멍이 있는 수조	개구리는 높이 뛰는 습성이 있으므로 뚜껑이 없으면 도망간다. 그리고 날아다니는 파리 종류를 먹기 때문에 수조 주변에 날아다니던 파리들이 구멍 안으로 들어갈 수도 있다.
2	흙과 물	폐와 피부로 숨을 쉬는 개구리는 물과 육지 모두에서 생활한다. 그래서 논이나 강가의 환경을 만들어주기 위해서 전체적으로 흙을 깔 고, 1/3 정도만 흙을 낮은 높이로 깔고 그 부분만 잠기도록 물을 부어준다.
3	수초와 자갈	개구리는 자갈이나 수초 더미에 몸을 숨겨 보호하는 습성이 있으므로 같은 환경을 만들어 주어야 한다.
4	바나나 껍질	흙만 깔린 한쪽 구석에 바나나 껍질을 놓아두면 초파리가 많이 모여들기 때문에 살아 있는 먹이만 먹는 개구리의 먹이가 된다.
5	습도 온도계	피부로 숨을 쉬는 개구리는 피부가 항상 축축해야 하므로 습도가 낮아지면 죽는다. 그러므로 습도 온도계를 안에 두고 습도를 주의 깊게 확인해야 한다.

문 06
P. 42

문항 분석 및 평가표

⟶ **문항 분석 :** 달은 지구의 하나밖에 없는 위성입니다. 스스로 빛을 내지 못하지만, 태양빛이 반사되어 밝게 보입니다. 달의 모양이 매일 달라 보이는 이유는 태양빛이 반사되어 보이는 밝은 부분을 우리가 보기 때문일 뿐, 달은 항상 둥근 모양을 가지고 있습니다. (융통성, 정교성)

→ 평가표 :

(1) 채점 기준

답이 맞는 경우	2 점

(1) + (2) 총합계	6 점

(2) 채점 기준

일부 우주인에 대해서만 맞게 설명한 경우	2 점
모든 우주인에 대해서만 맞게 설명한 경우	4 점

정답 및 해설

→ 정답 : (1) 우주인 4, 우주인 5

(2) 우주인 1 : 달의 자기장은 지구와 비교하면 아주 약하기 때문에 자석의 성질을 이용하여 길을 찾을 수 없다.

우주인 2 : 소리는 공기(매질)를 통해서 전달된다. 달에는 공기가 매우 희박하므로, 소리의 전달이 이루어지지 않는다.

우주인 3 : 달에는 산소가 존재하지 않기 때문에 성냥에 불을 붙일 수 없다.

→ 해설 : 달이 지구와 다른 점을 생각해 보면 달은 매우 약한 자기장을 가지고 있어 달이 지구처럼 하나의 큰 자석이라고 생각할 수 없다. 또한, 진공이라고 말할 수 있을 정도의 대기를 갖기 때문에 기상 현상이 나타나지 않고, 낮과 밤의 기온 차가 크게 나타난다.

(1) 낮과 밤의 기온 차가 커서 밤에 급격하게 온도가 내려가므로 핫팩이 도움이 될 수 있고, 물은 생존을 위해 필요한데, 달에는 물이 없으므로 가져가야 한다.

문 07

P. 43

문항 분석 및 평가표

→ 문항 분석 : 음향 측심법은 바다의 표면에서 초음파를 바닷속 땅으로 보내 땅으로부터 반사되어 나오는 시간을 측정합니다. 측정된 시간을 아래의 식에 사용해 바다의 깊이를 알아낼 수 있습니다.

$$D = \frac{v \times t}{2}$$ (D : 바다의 깊이, v : 초음파의 속도, t : 걸린 시간)

초음파의 진동수는 사람이 들을 수 있는 음파의 진동수 범위를 넘기 때문에 우리 귀에 들리지 않습니다. 초음파는 많은 진동수로 다양한 정보를 얻을 수 있고, 소리의 반사 성질을 이용하여 우리 생활에 적용한 예가 많습니다. (융통성)

→ 평가표 :

알맞는 예시를 1 가지 쓰고, 설명한 경우	1 점
알맞는 예시를 2 가지 쓰고, 설명한 경우	2 점
알맞는 예시를 3 가지 이상 쓰고, 설명한 경우	4 점

출제자 예시 답안

→ ① 초음파 진단 장치는 사람의 몸 안으로 보낸 초음파가 내장 기관에 따라 반사되는 정도가 다른 것을 이용하여 태아의 모습이나 장기의 이상을 알아낸다.

② 어군 탐지기는 초음파를 바다의 표면에서 발생시켜 물고기로부터 반사되어 나오는 초음파를 감지하여 물고기의 위치를 알아낸다.

③ 빛이 없는 어두운 동굴에서 박쥐는 먹잇감과 길을 쉽게 찾는다. 박쥐는 초음파를 발생시켜 초음파가 벽이나 장애물, 먹잇감으로부터 반사되어 돌아오기까지 걸린 시간이나 강도를 감지한다.

④ 자동차 후방 센서는 자동차가 후진할 때 초음파를 발생시켜, 장애물에서 반사된 초음파를 감지하여 장애물의 유무를 알아낸다.

⑤ 고래는 강한 초음파를 내보내 먹잇감으로부터 반사되어 나오는 초음파를 감지하여 먹이 사냥을 한다. 초음파는 공기 중보다 물속에서 더 빨리 전달되어 사냥감을 탐색하는 데 효과적이라고 한다.

문 08
P. 44

문항 분석 및 평가표

→ 문항 분석 : 동물의 생김새와 특징, 사는 곳, 암컷과 수컷의 모습 등 분류할 수 있는 기준은 다양합니다. 주어진 동물을 자세히 보고, 분류 기준을 세워 대부분의 사람이 인정할 수 있도록 분류해 보세요. 문제에 주어진 각각의 동물은 ① 소금쟁이, ② 나비, ③ 호랑이, ④ 닭, ⑤ 잠자리, ⑥ 개, ⑦ 개구리, ⑧ 물방개, ⑨ 금붕어입니다. (융통성, 정교성)

→ 평가표 :

분류할 수 있는 기준을 1 가지만 쓰고, 모두 맞게 분류한 경우	3 점
분류할 수 있는 기준을 2 가지 쓰고, 모두 맞게 분류한 경우	5 점

출제자 예시 답안

→ – 분류 기준 : 난생(알을 낳는) 동물과 태생(새끼를 낳는) 동물
난생 동물: ①, ②, ④, ⑤, ⑦, ⑧, ⑨
태생 동물: ③, ⑥

– 분류 기준 : 날개의 유무
날개가 있는 동물 : ①, ②, ④, ⑤, ⑧
날개가 없는 동물 : ③, ⑥, ⑦, ⑨

– 분류 기준 : 다리털의 유무
다리에 털이 있는 동물 : ①, ③, ⑤, ⑥, ⑧,
다리에 털이 없는 동물 : ②, ④, ⑦, ⑨

– 울음소리를 내는지
울음소리를 내는 동물 : ③, ④, ⑥, ⑦
울음소리를 내지 않는 동물 : ①, ②, ⑤, ⑧, ⑨

– 물속에서 생활할 수 있는지
물속에서 생활할 수 있는 동물 : ⑦, ⑧, ⑨
물속에서 생활할 수 없는 동물 : ①, ②, ③ ,④, ⑤, ⑥

문 09
P. 45

문항 분석 및 평가표

→ 문항 분석 : 해설 참조.(융통성, 정교성)

→ 평가표 :

준비물을 3 가지 이상 사용하여, 각 과정과 결과를 맞게 설명한 경우	6 점

출제자 예시 답안

→ – ① 불을 붙인 양초 한 개를 세우고, 집기병으로 씌운다.
② 양초의 불이 계속 유지되는지 관찰한다.
실험 결과 : 양초의 구성 성분인 탄소는 공기 중의 산소와 만나 이산화 탄소를 발생시킨다. 양초가 다 녹기 전에 양초의 불이 꺼지는 것으로 보아, 공기보다 무거운 이산화 탄소가 집기병 바닥 쪽부터 점점 차오르면서 산소의 공급을 차단했음을 알 수 있다. 그러므로 이산화 탄소는 공기보다 무겁다는 것을 알 수 있다.

- ① 두 개의 집기병을 준비하여 한 개의 양초에만 불을 붙인 후, 각각의 양초를 집기병으로 씌운다.
  ② 양초를 일정 시간 태운 후, 각각의 집기병에 있는 양초를 빠르게 빼고 촛농을 제거한다.
  ③ 집기병의 무게를 재본다.
  실험 결과 : 양초를 태워 이산화 탄소가 생성된 집기병의 무게가 더 무거운 것으로 보아 이산화 탄소는 공기보다 무겁다는 것을 알 수 있다.

⟶ 해설 : 양초에 불을 붙이면 양초의 구성 성분인 탄소는 공기 중의 산소와 만나 이산화 탄소를 발생시킨다. 집기병 안에서 양초를 태워 발생한 이산화 탄소는 공기보다 무거우므로 집기병 바닥 쪽으로 가라앉고, 점점 차오르면서 산소를 차단해 양초의 불이 꺼진다. 또한, 양초를 태워 소모된 산소만큼 발생한 이산화 탄소와 공기가 섞여 있는 집기병과 공기로만 가득 차 있는 집기병의 무게를 비교해 보면 양초가 타면서 생성된 이산화 탄소가 섞여 있는 집기병의 무게가 더 무겁다. 그러므로 이산화 탄소는 공기보다 무겁다는 것을 알 수 있다.

우리는 쉽게 하나의 풍선에는 공기를, 또 하나의 풍선에는 이산화 탄소를 넣어 무게를 비교해 보면 된다고 생각하지만, 같은 풍선을 사용한다고 해도 공기와 이산화 탄소의 양을 똑같이 넣어 비교하는 것은 매우 어려울 것이다.

문 10
P. 46

문항 분석 및 평가표

⟶ 문항 분석 : 화석의 정의를 알고, 화석인 것과 화석이 아닌 것을 분류할 수 있다면 틀린 내용을 말하고 있는 친구를 찾고, 그 이유를 쓸 수 있습니다. (융통성)

⟶ 평가표 :

틀린 친구를 일부만 찾고, 그 이유를 맞게 쓴 경우	2 점
틀린 친구를 모두 찾고, 그 이유를 맞게 쓴 경우	5 점

정답 및 해설

⟶ 정답 : 영재, 모든 화석은 돌로 되어 있지 않다. 호박 속에 식물이나 곤충의 화석이 들어 있는 경우도 있다.
상상, 화석은 지질 시대에 살았던 식물과 동물의 유해나 생물의 활동 흔적이 자연적으로 보존된 것이므로 인간이 만든 토기는 화석이 아니다.
나영, 공룡의 발자국과 같이 흔적만 남아 있는 화석도 존재한다.
민지, 화산 폭발로 화산재에 생물들이 덮여 순식간에 만들어진 화석도 있다.

문 11
P. 47

문항 분석 및 평가표

⟶ 문항 분석 : 액체 표면에서 액체가 주위의 열을 흡수하여 기체로 변하는 현상을 증발 또는 기화라고 합니다. 이 현상을 굽지 않고 굳힌 흙 그릇의 작은 구멍을 통해 새어 나오는 물과 연관 지어 보세요. (유창성, 융통성)

⟶ 평가표 :

원리를 맞게 쓰고, 예시를 1 ~ 2 가지 쓴 경우	3 점
원리를 맞게 쓰고, 예시를 3 가지 이상 쓴 경우	5 점

정답 및 해설

⟶ 원리 : 작은 구멍을 통해 새어 나온 물이 증발하면서 주위의 열을 흡수하므로 흙 그릇 속의 물의 온도가 낮아진다. 따라서 흙 그릇 속의 물이 시원하게 보관될 수 있다.
예시 : ① 더운 여름날 바닥에 물을 뿌리면 시원해진다.
② 더운 여름날 땀이 식으면 시원해진다.
③ 땀이 많이 났을 때 부채질을 하면 더욱 시원하다.
④ 샤워한 직후에 몸이 시원하다.
⑤ 사막에서는 양가죽으로 만든 물통을 사용한다.

문 12
P. 48

문항 분석 및 평가표

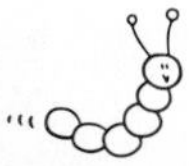

—> 문항 분석 : 빛은 똑바로 나아가는 성질인 빛의 직진성을 가지고 있습니다. 이러한 빛의 성질을 알고 빛의 직진성으로 인해 우리에게 어떤 일이 일어나고 있는지 생각해 본다면 (2) 번의 답을 쓰는 데 도움이 될 것입니다. (융통성, 정교성)

—> 평가표 :

(1) 채점 기준

1 가지 쓴 경우	1 점
2 가지 쓴 경우	2 점
3 가지 쓴 경우	3 점

(2) 채점 기준

현상만 맞게 쓴 경우	1 점
현상을 쓰고, 그 이유를 맞게 쓴 경우	3 점

(1) + (2) 총합계	6 점

출제자 예시 답안

—> (1) ① 숲 속에서 나무 사이로 들어오는 햇빛
② 등대의 불빛
③ 어두운 곳에서 손전등을 켰을 때 손전등의 불빛
④ 밤에 켜는 자동차의 전조등
⑤ 낮에 방에서 불을 켜지 않고 있었을 때 문틈으로 들어오는 햇빛

(2) ① 물체들이 실제 모습과 다르게 보인다. 이유는 한 물체의 각 부분에서 나오는 빛이 직진하여 우리 눈에 들어오므로 우리는 그 물체의 모양을 인식할 수 있다. 만약에 농구공을 보고 있다고 할 때, 빛이 직진하지 않는다면 농구공의 각 부분에서 나오는 빛이 제멋대로 우리 눈으로 들어와서 농구공의 모양은 찌그러져 보이거나 다르게 보일 것이다.

② 물체나 사람의 그림자가 생기지 않을 수도 있다. 직진하는 빛이 지나가는 길에 불투명한 물체를 놓아두면, 물체가 막아 빛이 도달하지 못하는 부분에 그림자가 생긴다. 그런데 빛이 직진하지 않는다면 불투명한 물체가 빛이 지나가는 길을 막지 않을 수도 있다. 그러면 그림자는 생기지 않는다.

③ 일식이나 월식 현상을 볼 수 없거나 지구와 달의 모양이 다르게 보일 것이다. 일식이나 월식은 빛이 직진하기 때문에 생기는 현상이다. 일식과 월식 현상으로 지구와 달의 모양이 둥글다는 것을 알 수 있는데, 빛이 직진하지 않는다면 그림자의 모양이 달라 지구와 달의 모양이 다르게 보일 것이다.

④ 별의 위치를 정할 수 없고, 별자리가 고정되지 않는다. 별에서 나오는 빛이 직진하여 우리 눈으로 들어오므로 우리는 별의 위치를 알 수 있는데, 빛이 직진하지 않고 휘어져서 들어온다면 별의 위치가 계속 달라진다.

⑤ 같은 서울 지역에서도 낮인 곳과 밤인 곳이 서로 공존할 것이다. 그 이유는 태양빛이 직진하지 않는다면 같은 시간에 지구 곳곳에 빛이 도달할 수 있기 때문이다.

⑥ 돋보기로 햇빛을 모으기 힘들다. 돋보기는 볼록 렌즈로 되어 있는데 볼록 렌즈는 빛을 굴절시켜 렌즈 가운데의 한 점으로 빛이 모이게 한다. 돋보기 아래에 흰 종이를 두고 돋보기를 움직이지 않으면 돋보기의 렌즈 가운데 쪽으로 직진하는 빛이 모여 종이가 탄다. 그런데 빛이 직진하지 않고 여러 방향으로 온다면 한 점으로 빛이 굴절되지 않아서 빛을 모으기 힘들다.

문 13
P. 49

문항 분석 및 평가표

—> 문항 분석 : 지진은 지구 내부의 급격한 변동으로 짧은 시간 동안 사방으로 에너지가 전파되면서 땅이 흔들리는 현상입니다. 지진이 우리에게 주는 피해는 건물이 무너지고 산불이나 산사태, 화재가 일어나기도 합니다. 지진의 피해와 이러한 피해를 예방하기 위한 행동을 생각해 보세요. (융통성, 정교성)

→ 평가표 :

1 ~ 4 번의 안전 수칙을 지켜야 하는 이유를 모두 설명하지 못한 경우	3 점
1 ~ 4 번의 안전 수칙을 지켜야 하는 이유를 모두 설명한 경우	5 점

출제자 예시 답안

안전 수칙	이유
1. 가스레인지의 불을 끄고, 밸브를 잠근다.	- 지진에 의해 가스관이 파열되어 불이 나거나 가스가 새어 나올 수 있기 때문이다. - 불이 나면 지진으로 땅이 흔들려 불이 이리저리 옮겨붙을 수 있으므로 가스레인지의 불을 끄고 밸브를 잠가 불이 나지 않도록 미리 방지해야 한다. - 지진과 함께 불이 났을 때 소방차에 의한 화재 진압이 어려운 경우가 많으므로 불이 나지 않도록 미리 방지해야 한다.
2. 손전등을 휴대한다.	- 지진이 발생하면 전기가 끊길 수 있으므로 손전등을 사용하여 주위를 살펴야 하기 때문이다.
3. 식탁 아래로 몸을 숨기고, 지진이 끝날 때까지 대기한다.	- 땅이 흔들리면서 위에 있던 물건들이 떨어지거나 구조물 일부가 무너질 수 있으므로 식탁 등 단단한 물건 밑으로 들어가 몸을 웅크려서 머리를 보호해야 한다.
4. 지진이 멈춘 후 승강기를 이용하지 않고, 비상계단을 이용하여 건물 밖으로 대피한다.	- 지진에 의해 승강기가 중간에서 멈추거나 승강기의 줄이 끊어져 밑으로 추락할 수 있으므로 계단을 이용해야 한다.

문 14
P. 50

문항 분석 및 평가표

→ **문항 분석 :** 자석에 붙는 물질에는 철, 니켈, 코발트 금속이 있고, 붙지 않는 물질에는 알루미늄, 종이, 플라스틱 등이 있습니다. 자석은 같은 극을 마주 보게 하면 서로 밀어내는 힘인 척력이 작용하고, 다른 극을 마주 보게 하면 서로 잡아당기는 힘인 인력이 작용하는 성질을 갖고 있습니다. 자석 필통은 필통 윗면에 붙어있는 철과 아랫면에 붙어있는 자석이 서로 인력이 작용하여 뚜껑을 쉽게 닫을 수 있도록 만든 것입니다. 고리 자석의 윗면과 아랫면은 서로 다른 극으로, 가장 높은 탑을 쌓으려면 서로 같은 극끼리 마주 보게 쌓아야 하고, 가장 낮은 탑을 쌓으려면 서로 다른 극끼리 마주 보게 쌓아야 하는 것으로 인력과 척력을 모두 이용한 것입니다. 이러한 자석의 성질을 이용한 예는 우리 집 거실이나 내 방만 떠올려도 충분히 1 가지는 찾을 수 있습니다. (융통성)

→ 평가표 :

자석 필통과 고리 자석에 이용한 자석의 성질을 맞게 설명한 경우	2 점
각각의 예를 1 가지 맞게 쓴 경우	2 점
총합계	4 점

정답 및 해설

	성질	예
자석 필통	철이 자석에 붙는 성질을 이용한 것으로 철과 자석 사이에 인력이 작용한다.	자석 칠판, 냉장고에 붙이는 자석, 자석 클립 통, 열고 닫는 방충망 문의 자석, 자석 다트 놀이
고리 자석	두 개의 자석을 가까이하면 같은 극끼리는 서로 밀어내는 힘인 척력이, 다른 극끼리는 서로 잡아당기는 힘인 인력이 작용하는 성질을 모두 이용한 것이다.	자기 부상 열차, 나침반, 매미 자석, 자석을 이용한 장난감

문 15
P. 51

문항 분석 및 평가표

문항 분석 : **두 종류 이상의 물질이 반응을 일으키지 않고, 단순히 섞여 있는 물질을 혼합물이라고 합니다. 혼합물을 분리하는 방법에는 침전, 증발, 밀도 차이에 의한 분리, 자석이나 거름 장치를 이용한 분리 등 다양한 방법이 있습니다. (융통성)**

평가표 :

각각의 물질을 단계적으로 모두 분리한 경우	3 점
각각의 물질을 단계적으로 과학적인 방법을 이용하여 모두 분리한 경우	5 점

출제자 예시 답안

1 단계 : 자석을 이용하여 철가루를 분리한다.
2 단계 : 나머지 혼합물을 물에 녹인 후에 거름종이에 거른다. 이때 소금은 물에 녹으므로 거름종이를 통과하고 톱밥과 모래는 물에 녹지 않으므로 거름종이 위에 남아있다.
3 단계 : 거름종이에 의해 걸러진 소금물을 증발시키면 소금을 분리할 수 있다.
4 단계 : 거름종이 위에 남아있는 물질을 물에 넣고 저어 주면 밀도 차이에 의하여 가벼운 톱밥은 물 위에 뜨고, 무거운 모래는 가라앉으므로 톱밥을 건져내어 분리할 수 있다.
5 단계 : 마지막으로 물을 버리고 가라앉은 모래를 말리면 모래를 분리할 수 있다.

문 16
P. 52

문항 분석 및 평가표

문항 분석 : **용수철은 무게를 재기 위해 많이 사용됩니다. 용수철과 고무줄은 모두 탄성을 가지므로 고무줄을 사용하여 무게를 잴 수 있다는 생각을 할 수 있습니다. 또한, 수평 잡기를 이용하여 물체의 무게를 비교하는 다양한 방법을 떠올려 보세요. 물체의 어떤 곳을 매달거나 받쳤을 때, 한쪽으로 치우치지 않고 균형을 이루는 점을 무게 중심이라고 합니다. 수평 잡기를 이용하여 실험 설계를 할 때는 무게 중심을 고려해야 합니다. (융통성, 독창성, 정교성)**

평가표 :

실험 방법을 글로만 쓴 경우	3 점
실험 방법을 쓰고, 그림이나 표 중 1 가지를 선택하여 표현한 경우	6 점

출제자예시답안

- ① 실험 스탠드에 고무줄 한 개를 걸고 고무줄 밑에 클립을 끼운다.
  ② 클립에 추를 걸기 전에, 고무줄의 길이를 자로 잰다.
  ③ 클립에 10 g 의 추를 한 개 걸었을 때의 고무줄 전체 길이를 자로 잰다.
  ④ 10 g 의 추를 늘려가면서 ③ 번의 과정을 반복하고, 추의 무게와 고무줄 전체 길이 사이의 관계를 정리한다.
  ⑤ 클립에 무게를 모르는 추를 걸고, 고무줄의 전체 길이를 자로 잰 뒤, ④ 번에서 정리한 값을 참고로 하여 무게를 알아낸다.

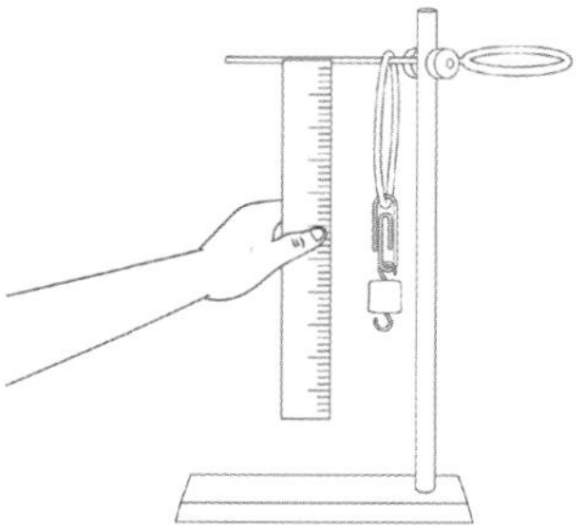

- ① 실험 스탠드에 고무줄 한 개를 걸고 고무줄 밑에 클립을 끼운다.
  ② 클립에 추를 걸기 전에, 고무줄의 길이를 자로 잰다.
  ③ 클립에 10 g 의 추를 한 개 걸었을 때의 고무줄 전체 길이를 자로 잰다.
  ④ 10 g 의 추를 늘려가면서 ③ 번의 과정을 반복하고, 추의 무게와 고무줄 전체 길이 사이의 관계를 표로 정리한다.

추의 무게(g)	0	10	20	30	40	50
고무줄의 전체 길이 (cm)						

  ⑤ 클립에 무게를 모르는 추를 걸고, 고무줄의 전체 길이를 자로 잰 뒤, ④ 번에서 정리한 표를 참고로 하여 무게를 알아낸다.

- ① 자의 15 cm 에 해당하는 부분에 클립을 펴서 위쪽으로 셀로판테이프를 사용하여 고정하고, 0, 30 cm 에 해당하는 부분에는 클립을 펴서 아래쪽으로 고정시킨다.
  ② 자의 15 cm 부분에 고정한 클립을 스탠드에 걸고, 30 cm 부분에 고정한 클립에 무게를 모르는 추를 건다.
  ③ 0 부분에 고정한 클립에 10 g 의 추를 추가하여 걸면서, 자의 수평을 찾고 무게를 찾아낸다.
  ④ ③ 번의 과정에서 자의 수평이 맞춰지지 않는다면, 15 cm 부분에 고정한 클립의 위치를 바꿔가면서 자의 수평을 찾는다.
  ⑤ ④ 번의 과정에서 자의 수평을 찾았다면, 무게 A × 거리 A = 무게 B × 거리 B 를 사용하여 추의 무게를 알아낸다.

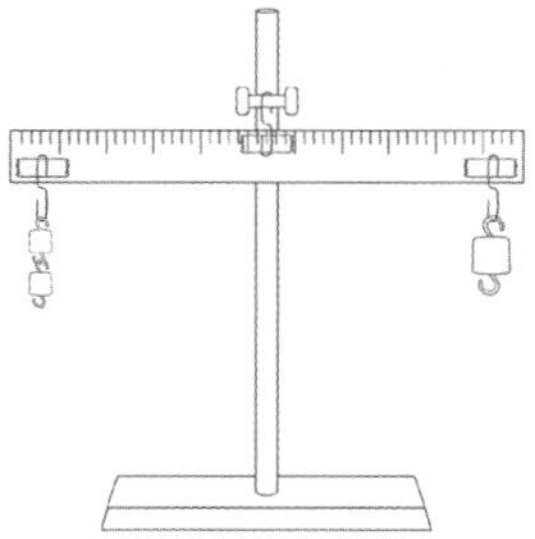

문 17
P. 53

문항 분석 및 평가표

문항 분석 : 기체는 일정한 모양이 없고, 부피가 일정하지 않아서 상황에 따라 모양이 변하는 성질을 가지고 있습니다. 우리 주위를 둘러싸고 있는 공기도 기체입니다. 공기에는 질소, 산소, 아르곤, 이산화탄소, 헬륨 등이 섞여 있습니다. 그중에 질소는 다른 물질과 반응을 거의 하지 않으므로 가장 많은 양이 포함되어 있습니다. (유창성, 융통성)

평가표 :

예시를 1 가지 쓰고, 장점을 맞게 설명한 경우	3 점
예시를 2 가지 이상 쓰고, 장점을 맞게 설명한 경우	5 점

출제자 예시 답안

⟶ ① 풍선 속의 기체 : 기체는 일정한 모양을 갖지 않으므로 긴 막대 모양의 풍선 안에 기체를 가득 불어넣고 풍선을 원하는 모양으로 바꾸면서 가지고 놀 수 있다.
② 축구공, 농구공 속의 기체 : 공을 기체로 채우면 공이 잘 튕기고, 공의 무게가 가벼워진다.
③ 선풍기 : 선풍기의 날개가 빠르게 회전하면서 주변의 공기(기체)를 움직여 시원한 바람을 만들어 준다.
④ 과자 봉지 안의 질소 기체 : 과자 봉지 안에 질소 기체를 넣으면 과자가 상하지 않고, 과자 봉지를 떨어뜨렸을 때 과자들이 부서지지 않는다.
⑤ 탄산음료의 이산화 탄소 기체 : 탄산음료에 녹아 있는 이산화 탄소 기체는 톡 쏘는 맛을 나타낸다.

문 18
P. 54

문항 분석 및 평가표

⟶ 문항 분석 : 실험 과정을 자세히 살펴보면 관련된 주의 사항이 떠오를 것입니다. 예를 들어 (다) 의 과정을 보면, 알코올이 담긴 비커를 중탕하는 과정이 있는데, 알코올은 불이 잘 붙는 성질을 가지므로 필요한 과정입니다. 이때 알코올의 온도가 갑자기 올라가 끓어 넘칠 수 있으므로 알코올을 담는 비커와 물을 담는 비커의 크기는 비교적 큰 것을 사용하는 것이 좋습니다. (유창성, 융통성)

⟶ 평가표 :

주의사항을 1 ~ 2 개 쓴 경우	2 점
주의사항을 3 ~ 4 개 쓴 경우	4 점
주의사항을 5 개 이상 쓴 경우	5 점

출제자 예시 답안

⟶ ① 손을 보호하기 위해 실험 장갑을 착용한다.
② 가열할 때, 눈을 보호하기 위해서 보안경을 착용한다.
③ 식물을 햇빛이 잘 드는 창가에 놓을 때, 창가에서 식물이 떨어져 다치지 않도록 똑바로 놓는다.
④ 알코올은 불이 잘 붙는 성질을 가진 물질이므로 중탕을 할 때, 알코올에 불을 가까이하지 않는다.
⑤ 알코올이 담긴 비커를 중탕하는 과정에서 알코올의 온도가 갑자기 올라가 끓어 넘칠 수 있으므로 알코올을 담는 비커와 물을 담는 비커는 비교적 큰 것을 사용하여 끓어 넘치지 않도록 주의해야 한다.
⑥ 알코올이 담긴 작은 비커를 중탕하기 위해서 큰 비커에 물을 담을 때 너무 많이 담지 않는다. 물을 많이 담게 되면 작은 비커를 넣었을 때 물이 넘치게 된다.
⑦ 비커를 사용할 때 비커가 깨져서 다치지 않도록 장난치면서 들고 다니지 않는다.

문 19
P. 54

문항 분석 및 평가표

⟶ 문항 분석 : 압력이 일정할 때, 온도가 높아지면 기체 분자의 운동이 더욱 활발해지므로 기체의 부피가 증가하고, 반대로 온도가 낮아지면 기체 분자의 운동이 느려져 기체의 부피가 감소합니다. 겨울철과 여름철, 온도가 높을 때와 낮을 때 일어나는 현상을 생각해 보면 예를 찾을 수 있습니다. (유창성, 융통성)

⟶ 평가표 :

현상을 기체의 부피 변화와 관련지어 맞게 설명한 경우	3 점
예를 1 가지 쓴 경우	1 점
예를 2 가지 이상 쓴 경우	2 점
총합계	5 점

정답 및 해설

- 찌그러진 탁구공을 온도가 높은 따뜻한 물에 넣으면 탁구공 속의 기체 분자의 운동이 활발해지면서 부피가 증가하여 원래의 모양으로 돌아온다.
- 예시 : ① 겨울철 실내에서 팽팽했던 풍선을 추운 밖으로 가지고 나가면 풍선의 부피가 줄어들어 쭈글쭈글해진다.

② 겨울철에는 온도가 낮으므로 자동차 타이어 속 공기의 부피가 줄어들고, 여름철에는 온도가 높아져 타이어 속 공기의 부피가 늘어난다. 그래서 겨울철에는 평상시보다 타이어에 공기를 더 주입해야 하고 여름철에는 공기를 덜 주입해야 한다.

③ 냉장고에 보관되어 있던 달걀을 꺼내 상온에서 얼마 동안 두었다가 삶거나, 약한 불로 서서히 가열하면 물에 소금을 넣지 않고도 달걀을 터뜨리지 않고 잘 삶을 수 있다. 달걀의 내부에는 공기집이 있는데 냉장고에서 부피가 줄어들어 있다가 갑자기 가열되면 공기의 부피가 급격하게 팽창하여 달걀이 터지게 된다.

문 20
P. 55

문항 분석 및 평가표

문항 분석 : 소리는 파동의 한 종류로서 매질을 통해 전달되고, 매질이 없는 진공 속에서는 전달되지 않습니다. 매질의 진동에 의해 에너지가 전달되면서 소리가 들리므로 소리는 실 전화기의 실이 팽팽할수록 에너지 전달이 쉬워 더 잘 들립니다. 소리의 속력은 매질 온도가 높을수록, 같은 온도일 때 고체, 액체, 기체 매질 순서로 빨라집니다. (융통성, 정교성)

평가표 :

(1) 채점 기준

답이 맞는 경우	2 점
(1) + (2) 총합계	5 점

(2) 채점 기준

방법을 1 가지 쓴 경우	1 점
방법을 2 가지 쓴 경우	2 점
방법을 3 가지 쓴 경우	3 점

정답 및 해설

정답 : (1) 민지, 영재

(2) ① 실 전화기의 실을 팽팽하게 하기 위해 잡아 당긴다.
② 실 전화기의 실을 두꺼운 실이나 잘 끊어지지 않는 강한 철 등을 사용한다.
③ 실 전화기의 실을 컵에 단단히 고정시킨다.
④ 실 전화기의 실의 길이를 짧게 한다.
⑤ 실 전화기의 실에 물을 묻힌다.

점수에 따른 성취도 등급

등급	1등급	2등급	3등급	4등급	5등급	총점
평가	84 점 이상	64 점 이상~ 83 점 이하	24 점 이상 ~ 63 점 이하	14 점 이상~ 23 점 이하	13 점 이하	104 점
성취도	영재성을 나타내는 성적으로영재교육원 합격권입니다.	상위권 성적으로 영재교육원 합격권입니다.	우수한 성적으로 약간만 노력하면 영재교육원에 갈 수 있습니다.	올해 영재교육원에 가길 원한다면 열심히 노력해야 합니다.	내년 목표로 꾸준하게 영재교육원 대비를 해야 합니다.	

2 창의적 문제해결력 과학

총 20 문제입니다. 문제 배점은 각 문항별 평가표를 참고하면 됩니다. / 단원 말미에서 성취도 등급을 확인하세요.

문 01
P. 58

문항 분석 및 평가표

⟶ 문항 분석 : 동물의 암수 구별은 겉모습을 보고 쉽게 파악할 수도 있지만, 겉모습만으로는 파악이 어려운 동물도 많습니다. 펭귄이나 다람쥐는 몸의 내부를 자세히 살펴보아야 암수를 구분할 수 있고, 꿩이나 피라미는 번식기 때 수컷이 화려하게 변하는 모습을 보고 구분할 수 있습니다. (유창성, 정교성)

⟶ 평가표 : (1) 채점 기준

1 ~ 2 가지를 찾고 맞게 설명한 경우	2 점
3 가지를 모두 찾고 맞게 설명한 경우	3 점

(2) 채점 기준

암수를 맞게 구별만 한 경우	1 점
암수를 맞게 구별하고, 이유를 타당하게 설명한 경우	2 점

(1) + (2) 총합계	5 점

정답 및 해설

⟶ 정답 : (1) 예시 답안)

① 사자 : 암컷은 머리 주변에 갈기가 없다. 수컷은 머리 주변에 갈기가 있다.

② 사슴 : 암컷은 뿔이 없고, 수컷에 비해 작다. 수컷은 뿔이 있고, 암컷에 비해 크다.

③ 닭 : 암컷은 볏이 작고, 몸의 색깔이 주로 갈색이다. 수컷은 볏이 크고, 몸의 색깔이 화려하다.

④ 꿩 : 암컷(까투리)은 몸통과 깃털의 색이 갈색이며, 꼬리가 수컷에 비해 짧다. 수컷(장끼)은 몸통과 깃털의 색깔이 선명하고 화려하며, 꼬리가 몸통만큼 길다. 눈 주위에 붉은 피부가 노출되어 있다.

⑤ 사슴벌레 : 암컷은 수컷보다 크기가 작고, 큰 턱이 짧고 작다. 수컷은 암컷보다 크기가 크고, 사슴뿔 모양의 큰 턱이 있다.

큰턱

▲ 수컷 ▲ 암컷

(2) 피라미는 평상시에는 암컷과 수컷의 구별 없이 같은 모습을 하고 있다가 번식기가 되면 모습을 바꾼다. 번식기 때 수컷은 암컷에게 선택되기 위해 화려한 모습을 갖게 되므로 무한이가 평소에 보지 못했던 피라미 B 가 수컷이고, A 가 암컷이다.

문 02
P. 59

문항 분석 및 평가표

⟶ 문항 분석 : 해설 참조. (유창성, 융통성)

—> **평가표 :** (1) 채점 기준

물체를 3 가지 이상 찾은 경우	1 점
물질을 3 가지 이상 찾은 경우	1 점
합계	2 점

(2) 채점 기준

물질의 성질과 관련지어 맞게 1 가지 설명한 경우	1 점
물질의 성질과 관련지어 맞게 2 가지 이상 설명한 경우	2 점

(1) + (2) 총합계	4 점

정답 및 해설

—> 정답 : (1)

물체	물질
몸체, 창문, 바퀴, 의자, 핸들, 핸들 커버, 자동차 내부의 지지대, 바퀴 휠	금속, 유리, 고무, 가죽 플라스틱, 탄소 섬유

(2) ① 몸체의 금속은 단단한 성질을 가지므로 자동차 안의 사람을 보호할 수 있다. 또한, 금속은 광택이 나고 판처럼 얇게 펼 수 있으므로 몸체를 만들기에도 좋다. 바퀴 휠에도 단단한 성질을 갖는 금속을 쓰기에 적합하다.

② 창문의 유리는 차 안과 외부를 차단하지만, 유리의 투명한 성질 때문에 속이 잘 보인다.

③ 고무는 유연하고 질기며 충격에 강하므로 바퀴에 쓰기 적합하다. 핸들 커버에도 유연하고 질긴 성질을 갖는 고무를 쓰기에 적합하다.

④ 의자의 가죽은 질기고 튼튼하며 질감이 부드러워 앉았을 때 편안하다.

⑤ 플라스틱은 튼튼하고 가벼우므로 많이 움직이는 핸들이나 자동차 내부의 지지대에 쓰기 적합하다.

⑥ 핸들의 탄소 섬유는 충격에 강하고, 무게가 매우 가벼워서 핸들을 움직이기 편하다.

—> 해설 : (1) 물체는 어떤 용도로 쓰기 위해 만든 것으로 구체적인 형태를 가지고 있으며, 물질은 물체를 이루고 있는 재료로 성질을 가지고 있다. 물체를 만들 때는 쓰임새에 맞는 물질을 사용해야 한다. 쓰임새가 같은 하나의 물체를 각각 다른 물질로 만들 수도 있다. 예를 들어, 모자를 섬유, 털 등의 물질로 만들 수 있다. 섬유로 만들면 질기고 부드러우며 모양을 바꾸기 쉬워서 다양하게 만들 수 있고, 털로 만들면 따뜻하므로 겨울에 쓰기 좋다.

(2) 각 물질은 성질을 가지고 있다.

① 금속 : 일반적으로 광택이 나고, 전기 및 열을 잘 전달한다. 판처럼 얇게 펼 수도 있고, 가는 실과 같이 뽑을 수 있다. 단단한 성질을 가지지만 무겁다.

② 유리 : 투명하여 속이 잘 보인다. 딱딱하지만 잘 깨진다.

③ 고무 : 유연하고 질기며 충격에 강하다.

④ 가죽 : 질기고 튼튼하며 질감이 부드럽다.

⑤ 플라스틱 : 매끄럽고 부드러우며, 튼튼하고 가볍다. 다양한 모양으로 만들기 쉽다.

⑥ 탄소 섬유: 탄소 섬유는 나무 등을 가열하여 탄소만 남게 하여 만든 섬유로 신소재 물질이다. 무게가 매우 가벼우며 충격에 강하고 해충에 대한 저항성이 크다. 금속이나 플라스틱을 대신하여 자전거의 몸체, 자동차의 핸들에 많이 쓰이고 있다.

문 03
P. 60

문항 분석 및 평가표

⟶ **문항 분석 : 해설 참조. (융통성, 정교성)**

⟶ **평가표 :** (1) 채점 기준

척력에 대한 내용으로 맞게 설명한 경우	2 점

(2) 채점 기준

일부만 답을 맞게 쓴 경우	2 점
모두 답을 맞게 쓴 경우	4 점

(1) + (2) 총합계	6 점

정답 및 해설

⟶ **정답 : (1) 자동차에 붙어 있는 동전 자석의 극과 자동차의 5 cm 뒤에 갖다 댄 동전 자석의 극 사이에 서로 밀어 내는 힘인 척력이 작용하여 자동차가 앞으로 움직인 것이다.**

(2)

	자동차의 움직임 변화
A4 용지	장난감 자동차가 똑같이 앞으로 움직인다.
알루미늄판	장난감 자동차가 똑같이 앞으로 움직인다.
철판	장난감 자동차가 철판 쪽으로 다가와서 붙는다.

⟶ **해설 : (1) 자석은 항상 두 개의 극인 N 극과 S 극을 가진다. 두 개의 자석을 가까이하면 같은 극끼리는 서로 밀어내는 힘(척력)이 작용하고, 다른 극끼리는 서로 잡아당기는 힘(인력)이 작용한다.**
동전 자석은 윗면과 아랫면에 각각 다른 극을 띠게 된다. 따라서 장난감 자동차가 앞으로 움직인 것은 두 동전 자석의 서로 마주 보는 면이 같은 극을 띠고 있어 척력이 작용한 것이다.

(2) 자석의 힘은 종이, 알루미늄을 통해서도 전달되므로 A4 용지와 알루미늄판을 자동차와 자동차 뒤의 동전 자석 사이에 끼워 넣어도 자동차의 움직임에는 변화가 없다.
철판의 철은 강자성체로 주변에 자석이 있으면 철도 자석의 성질을 갖게 된다.(자화)
장난감 자동차와 동전 자석이 서로 N 극을 띠어 움직였다고 가정하면, 장난감 자동차 뒷부분에 붙어 있는 동전 자석 쪽의 철판은 자동차에 붙어 있는 자석의 영향을 받아 S 극을 띠게 되고 철판의 반대쪽은 N 극을 띠게 된다. 따라서 장난감 자동차와 자동차 쪽의 철판은 인력이 작용하여 자동차가 철판 쪽으로 다가와 붙게 된다.

문 04
P. 61

문항 분석 및 평가표

—> 문항 분석 : 배추흰나비의 먹이는 배추, 양배추, 무 등으로 잎의 뒷면을 뒤집어 보거나 배추흰나비가 앉았다 날아간 곳을 살펴보면 알을 쉽게 찾을 수 있습니다. 배추흰나비를 기를 때 주의할 점은 알을 옮길 때 손으로 만지지 않고, 먹이인 잎을 바꿔줄 때 애벌레 주변의 잎을 가위로 잘라서 잎과 함께 새로운 잎으로 옮겨주어야 합니다. 또한, 애벌레가 허물을 벗거나 번데기로 될 때 충격을 주면 죽거나 몸의 모양이 이상해지므로 충격을 주지 않아야 합니다. (융통성, 정교성)

—> 평가표 :

(1) 번 사육 상자의 조건에 맞게 그린 경우	2 점
(2) 번 답이 맞는 경우	2 점
총합계	4 점

정답 및 해설

—> 정답 : (1) ① 수조 바닥에 화장지를 깔고 분무기로 물을 조금 뿌린다.
② 알이나 애벌레가 붙어 있는 배춧잎의 잎자루를 물에 적신 화장지로 싸고, 그 위에 다시 알루미늄 포일로 화장지를 싼다.
③ 수조의 윗부분에 방충망을 씌우고, 고무줄로 고정한 후 햇빛이 직접 닿지 않고 바람이 잘 통하는 곳에 둔다.

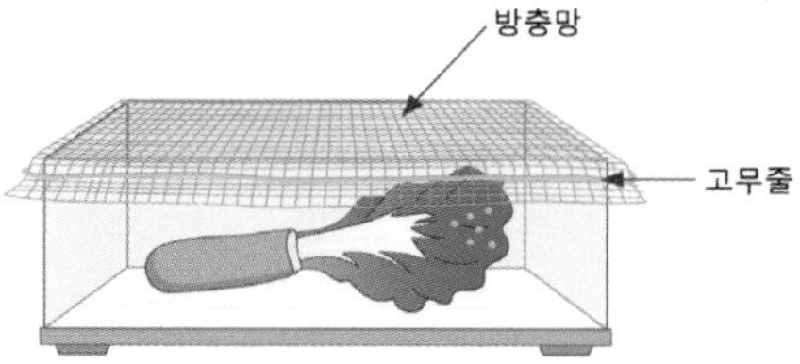

▲ 배추흰나비
사육 상자 그림

(2) ②, ③

—> 해설 : (1) ①, ② 준비한 배춧잎의 잎자루가 말라 푸석푸석해지는 것을 막기 위해 ①, ② 번의 과정이 필요하다.
③ 배추흰나비 애벌레의 몸속에 알을 낳아 번식하는 기생벌의 침입을 막거나 애벌레나 성충이 되었을 때 사육 상자를 벗어나는 것을 막기 위해 방충망을 씌우고 고정해야 한다. 배추흰나비는 따뜻하고 바람이 잘 통하는 환경을 좋아한다.

(2) ① 5 ~ 7 일 정도의 시간이 지나면 알 속에서 애벌레가 알의 껍질에 구멍을 직접 내고 밖으로 나온다.
④ 성충의 다리는 세 쌍으로, 모두 가슴에 붙어 있다.

문 05
P. 62

문항 분석 및 평가표

—> 문항 분석 : 우리가 소리를 들을 수 있는 이유는 공기 등의 여러 물질이 물체의 진동을 전달하여 그 진동이 귀의 고막을 진동시키기 때문입니다. 소리가 들리기 위해서는 진동을 전달해 주는 여러 가지 물질(매질)이 필요한데 고체, 액체, 기체 상태의 물질을 통해 소리가 전달될 수 있습니다. 만약, 아무것도 없는 진공 상태라면 소리가 전달될 물질이 없으므로 소리는 들리지 않습니다. 따라서 공기가 없는 우주에서는 떨어져 있는 상대방이 말을 해도 들리지 않습니다. (융통성, 정교성)

—> 평가표 :

(1) 번 이유를 맞게 설명한 경우	3 점
(2) 답이 맞는 경우	2 점
총합계	5 점

정답 및 해설

→ 정답 : (1) 물이 끓으면서 입구가 막힌 삼각플라스크 안에 가득 찬 수증기가 응결시켜 삼각플라스크 안에 수증기를 제거하기 위해서이다.

(2) ②, ④, ⑤

→ 해설 : (1) 실험 2 에서 삼각플라스크를 가열하면 삼각플라스크 안의 물이 증발하여 수증기가 생성되고, 수증기가 삼각플라스크 안의 공기를 밀어내어 수증기로 가득 차게 된다. 수증기로 가득 찬 삼각플라스크의 입구를 막고 식히면 수증기가 다시 응결되어 물이 생성되면서 삼각플라스크 안에 기체는 거의 없어진다.

(2) ① 실험 1 에서 삼각플라스크 안에는 공기가 있으므로 소리를 전달해 줄 물질이 있다. 따라서 종소리가 들린다. 실험 2 에서 삼각플라스크 안의 수증기는 응결되어 다시 물로 상태 변화를 했으므로 기체가 아주 희박한 상태이다. 따라서 종소리는 거의 들리지 않는다. 물이 소리를 전달할 수 있을 때는 소리를 내는 물체가 물과 접촉해 있어야 한다.

③ 실험 1 에서 종소리가 들린 이유는 삼각플라스크 안의 공기가 소리의 진동을 전달했기 때문이다.

문 06

P. 63

문항 분석 및 평가표

→ 문항 분석 : 해설 참조. (융통성)

→ 평가표 : (1) 채점 기준

돌의 크기, 강폭, 경사에 대해 맞게 쓴 경우	1 점
돌의 크기, 강폭, 경사 외의 특징을 더 쓴 경우	1 점
합계	2 점

(2) 채점 기준

1 가지 쓴 경우	1 점
2 가지 쓴 경우	2 점
3 가지 쓴 경우	3 점

(1) + (2) 총합계	5 점

정답 및 해설

→ 정답 : (1) ① 강의 폭이 가장 넓다. ② 경사가 거의 없다.

③ 돌의 크기가 가장 작다. 고운 흙이나 모래가 많고 자갈은 둥글고 크기가 작은 편이다.

④ 물의 양이 매우 많고, 흐름이 가장 느리다.

⑤ 흐르는 물에 퇴적 작용이 일어난다.

(2) 예시 답안)

① 넓고 잔잔한 물에서 수영을 한다.

② 넓은 물속에 사는 고기를 잡는다.

③ 넓은 모래사장에서 친구들과 논다.

④ 둥근 자갈을 모아 와서 부모님을 위해 지압판을 만들어 준다.

→ 해설 : 강의 하류는 강의 폭이 넓고 경사가 거의 없다. 물의 흐름은 물의 양이 매우 많고 흐름이 가장 느리다. 상류에서 침식되어 깎인 것이나 잘게 부서진 알갱이들이 중류에 의해 운반되고 하류에서 퇴적된다. 하류에는 강물이 바다로 흘러들어 가는 곳에서 퇴적물이 삼각형 모양으로 쌓인 지형인 삼각주를 형성하기도 한다. 침식되어 깎인 것이나 알갱이들이 하류로 모여들기 때문에 고운 흙이나 모래사장이 있고 자갈은 둥글고 크기가 작다. 강의 하류에는 바닷물이 강물로 흘러들어 오는 것을 막기 위해 하굿둑을 설치한다.

문 07
P. 64

문항 분석 및 평가표

⟶ 문항 분석 : 해설 참조. (융통성, 정교성)

⟶ 평가표 :

(1) 번 평면거울에서의 반사(정반사) 내용로 이유를 맞게 설명한 경우	3 점
(2) 번 적절한 날씨를 쓴 경우	2 점
총합계	5 점

정답 및 해설

⟶ 정답 : (1) 잔잔한 물 표면이 거울처럼 매끄럽기 때문에 나르시스의 모습을 비출 수 있다. 햇빛에 의해 나르시스 얼굴에서 나온 빛이 잔잔한 물 표면으로 평행하게 들어와 일정한 방향으로 반사(정반사)되어 나르시스 눈에 들어 왔기 때문이다.

(2) ① 햇빛이 강한 맑은 날이어야 한다.
② 구름의 양이 적어야 한다
③ 비가 오지 않아야 한다.
④ 바람이 불지 않아야 한다.

⟶ 해설 : (1) 나르시스는 잔잔한 물 표면이 거울의 역할을 하여 나르시스 얼굴에서 나온 빛이 잔잔한 물 표면으로 평행하게 들어와 일정한 방향으로 반사(정반사)되어 물 표면에 비친 자신의 얼굴을 볼 수 있었다.

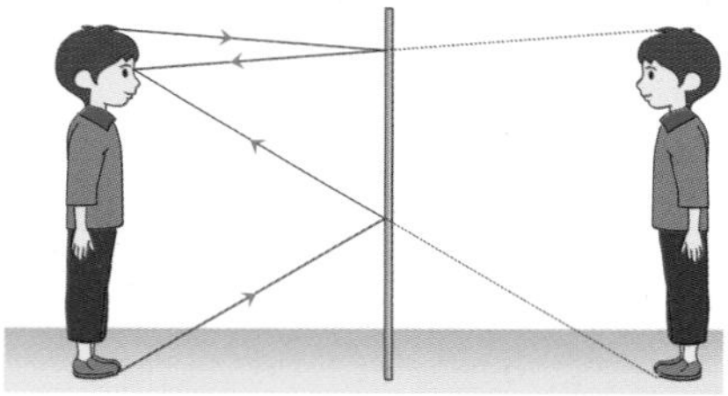

물질의 표면이 매끄러우면 들어온 빛이 정반사하여 주변의 물체가 잘 비치고, 표면이 매끄럽지 않으면 들어온 빛이 난반사 하면서 주변의 물체가 잘 비치지 않는다.
정반사는 평행하게 입사한 빛이 물체의 매끄러운 표면에서 일정한 방향으로 반사되는 것으로 거울이나 잔잔한 수면에서 일어나는 것으로, 물체가 비친다는 공통점이 있다. 난반사는 평행하게 입사한 빛이 물체의 거친 표면에서 여러 방향으로 반사되는 것으로 종이나 거친 수면, 영화 스크린 등에서 일어난다.

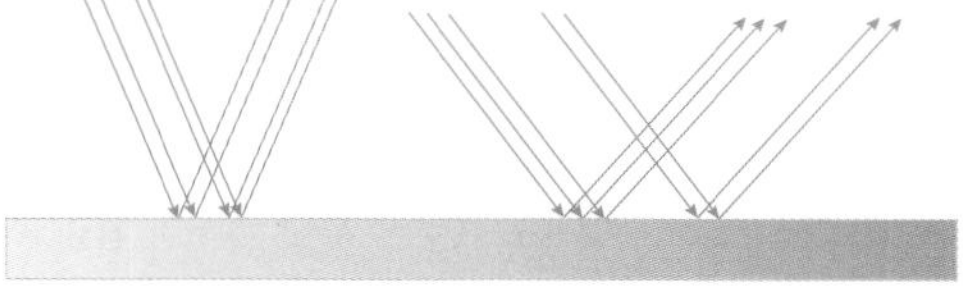
▲ 정반사

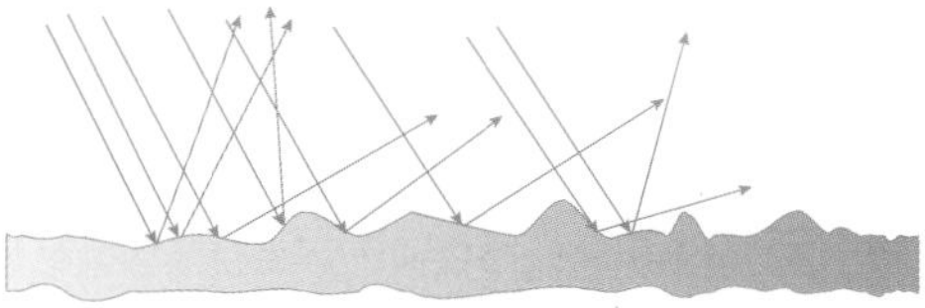
▲ 난반사

(2) ①, ② 햇빛이 강하고 흐리지 않아야 나르시스의 얼굴에서 반사되는 빛의 양이 많아져 더 잘 보인다.
③, ④ 비가 오지 않고 바람이 불지 않아야 물 표면이 잔잔하고 매끄러우므로 반사되는 빛의 양이 많아져 더 잘 보인다.

문 08
P. 65

문항 분석 및 평가표

⟶ 문항 분석 : 해설 참조. (융통성)

⟶ 평가표 :

(1) 번 답이 맞는 경우	3 점
(2) 번 이유를 맞게 쓴 경우	2 점
총합계	5 점

정답 및 해설

⟶ 정답 : (1) 상상, 정후

(2) 곤충은 뼈, 이빨, 껍데기와 같은 단단한 부분이 없지만 죽은 곤충은 빨리 묻혀서 공기나 물에 의해 썩지 않고 진흙과 같이 고운 퇴적물에 묻혀서 물이나 공기를 차단할 수 있었기 때문에 곤충도 화석으로 남아있을 수 있다.

⟶ 해설 : (1) 표준 화석은 특정 시대에만 살았던 생물의 화석으로, 한 시대에만 나타나는 경우가 대부분이기 때문에 넓은 지역에 분포한다. 표준 화석을 보고 시대를 알 수 있다. 그 예로 고생대의 삼엽충과 중생대의 공룡과 암모나이트, 신생대의 매머드 등이 있다.

시상 화석은 특정 환경에서만 살았던 생물의 화석으로, 특정 환경으로 지역이 제한되어 있어 분포 면적이 좁다. 시상 화석을 보고 생물이 살았던 당시의 자연환경을 알 수 있다. 그 예로 산호 화석이 발견되면 그 지역이 따뜻한 바다였음을 알 수 있다.

오답 해설) 광민, 무한 : 삼엽충과 암모나이트는 표준 화석으로 특정 시대에만 살았던 생물의 화석이다. 한 시대에만 나타나는 경우가 대부분이기 때문에 넓은 지역에 분포한다.

(2) 화석이 잘 만들어지기 위해서는 죽은 생물이 뼈, 이빨, 껍데기와 같은 단단한 부분이 있어야 하고, 공기나 물에 오래 노출되면 썩기 때문에 빨리 퇴적물 속에 묻혀야 한다.

문 09
P. 66

문항 분석 및 평가표

⟶ 문항 분석 : 공간을 차지하는 기체는 온도가 높아지면 분자의 운동이 활발해지므로 부피가 커지고, 온도가 낮아지면 분자의 운동이 둔해져 부피가 감소합니다. 열에 의한 기체의 부피 변화는 우리 주변에서 많이 찾아볼 수 있습니다. 특히 여름철과 겨울철에 뚜렷하게 나타나는 현상이 있습니다. 자동차의 타이어 속이나 운동할 때 가지고 노는 공은 공기로 채워져 있는데 더운 여름날에는 타이어나 공 속의 공기 부피가 커져 부풀어있는 모습을 볼 수 있고, 추운 겨울날에는 공기 부피가 작아져 약간 찌그러져 있는 모습을 볼 수 있습니다. 이와 같은 원리를 생각하여 동전과 빈 병을 이용하여 할 수 있는 실험을 직접 설계해 봅시다. (융통성, 독창성, 정교성)

⟶ 평가표 : (1) 채점 기준

달걀이 어떻게 되는지만 맞게 쓴 경우	1 점
달걀이 어떻게 되는지 맞게 쓰고, 이유를 타당하게 설명한 경우	3 점

(2) 채점 기준

실험 과정과 결과를 모두 맞게 쓴 경우	3 점
(1) + (2) 총합계	6 점

정답 및 해설

→ 정답 : (1) 실험 결과 : 주스 병의 입구를 막고 있던 삶은 달걀이 주스 병 속으로 빨려 들어간다.
이유 : 주스 병 안의 공기가 점점 식으면서 공기의 부피가 줄어들고 압력이 감소하기 때문에 삶은 달걀이 주스 병 속으로 빨려 들어간다.
(2) [실험 과정]
① 빈 병을 얼음물이 든 수조에 몇 분 넣어 둔다.
② 빈 병을 꺼내어 병의 입구에 물을 묻힌 후, 동전을 올려놓는다.
③ 동전이 올려져 있는 빈 병을 뜨거운 물이 들어있는 수조에 넣고 변화를 관찰한다.
[실험 결과] 병 속의 공기가 뜨거운 물의 온도와 같아질 때까지 동전이 살짝 떴다 가라앉았다 하면서 달그락거린다.

→ 해설 : (1) 공간을 차지하는 기체는 온도가 높아지면 기체의 분자 운동이 활발해지므로 부피가 커진다. 주스 병 속에 뜨거운 물을 넣고 흔든 뒤 물을 버리면 병 속의 공기 부피가 커진다. 이때 삶은 달걀을 병의 입구 위에 올려놓으면 병이 점점 식으면서 병 속의 공기 부피가 줄어들고 압력이 감소하여 병 안의 공기와 병 밖의 공기 압력이 같아지려는 힘에 의해 주스 병 속으로 빨려 들어가게 된다.

(2) 공기가 들어 있는 빈 병을 뜨거운 물이 들어 있는 수조에 넣으면 병 속의 공기 부피가 늘어나고 압력이 증가하여 병 밖으로 나온다. 이때 병 밖으로 나오는 공기가 병의 입구에 올려놓은 동전을 밀어내므로 동전이 움직이면서 달그락거리는 소리를 낸다.

문 10
P. 67

문항 분석 및 평가표

→ 문항 분석 : 해설 참조. (융통성)

→ 평가표 :

(1) 번 답이 맞는 경우	3 점
(2) 번 이유를 맞게 설명한 경우	2 점
총합계	5 점

정답 및 해설

→ 정답 : (1) ①, ③, ④
(2) 더 빨리 녹는다. 아이스크림 주변의 찬 공기를 선풍기 바람이 밀어내어 더운 공기가 아이스크림 주변에 모여들면서 아이스크림은 더운 공기로부터 열에너지를 흡수한다.

→ 해설 : (1) B 부분에서는 다리미로부터 뜨거운 수증기가 나온다. 이 뜨거운 수증기는 바깥의 상대적으로 차가운 공기를 만나 열을 빼앗기면서 작은 물방울로 응결된다. 이러한 물방울들이 모여 하얗게 보이는 것이 김이다. A 부분에서 김은 다시 증발하여 수증기가 되므로 우리 눈에 보이지 않게 된다.
오답 해설) ② A 부분에서는 작은 물방울들이 주변의 열을 흡수하여 수증기로 증발하므로 온도가 낮아진다.
⑤ 춥고 맑은 새벽에 식물의 잎에 서리가 생기는 것은 공기(기체)가 열을 빼앗겨 식물의 잎 표면에 얼어붙은 것(고체)으로 상태 변화 중 승화에 해당한다.

(2) 아이스크림 주변의 공기는 아이스크림의 영향으로 온도가 낮은데 선풍기 바람으로 주변의 찬 공기를 계속해서 밀어내면 더운 공기가 아이스크림 주변으로 모여든다. 따라서 아이스크림은 주변의 더운 공기로부터 많은 열에너지를 흡수하게 되어 아이스크림은 더 빨리 녹는다.

문 11
P. 68

문항 분석 및 평가표

→ 문항 분석 : 무게 중심은 물체의 어떤 곳을 매달거나 받쳤을 때 한쪽으로 치우치지 않고 균형을 이룰 수 있는 점을 말합니다. 실과 막대기를 이용하여 무게가 다른 물체의 수평을 잡기 위해서는 막대기의 무게 중심인 정 가운데에 받침점을 두고, 받침점에 실을 묶었을 때 물체를 받침점으로부터 이동시키거나 받침점을 직접 이동시켜 수평을 잡을 수 있습니다. (유창성, 융통성, 정교성)

→ 평가표 :

방법을 맞게 1 가지 쓴 경우	3 점
방법을 맞게 2 가지 이상 쓴 경우	5 점

정답 및 해설

→ 정답 : ① A 에 매달린 줄을 왼쪽으로 더 옮겨서 묶는다.
② B 에 매달린 줄을 오른쪽으로 더 옮겨서 묶는다.
③ E 쪽의 돌고래에 수평이 맞춰질 때까지 클립을 매단다.

→ 해설 : 막대 (나) 의 수평을 잡기 위해 C 쪽에 돌고래를 한 개 더 매달면 무게가 무거워져 막대 (가) 의 왼쪽이 아래로 내려온다. 수평을 잡기 위해서는 막대에 매달려있는 양쪽 물체의 무게와 각 물체와 받침점 사이의 거리 곱이 같아야 한다.
① 막대 (가) 의 왼쪽이 무거워졌으므로 거리는 더 짧아야 수평을 이룰 수 있다. 따라서 A 에 매달린 줄을 왼쪽으로 더 옮겨서 묶으면 된다.
② 막대 (가) 의 왼쪽이 무거워졌으므로 거리는 더 짧아야 수평을 이룰 수 있다. 따라서 B 에 매달린 줄을 오른쪽으로 더 옮겨서 묶으면 된다.
③ 막대 (가) 의 왼쪽이 더 무거워졌으므로 오른쪽 E 쪽의 돌고래에 수평이 맞춰질 때까지 클립을 매달면 된다.

문 12
P. 69

문항 분석 및 평가표

→ 문항 분석 : 달의 표면에서는 어둡게 보이는 달의 바다와 밝게 보이는 달의 육지 그리고 운석의 충돌 흔적인 크레이터를 볼 수 있습니다. 달에서 어둡게 보이는 부분을 달의 바다라고 부르지만, 옛날 과학자들이 어두운 곳이 물로 가득 차 있을 것이라고 생각하여 붙여진 이름일 뿐 실제로 물은 존재하지 않습니다. 달의 바다는 검은색 현무암질 용암이 분출되어 굳은 낮고 평탄한 지대로 용암이 운석 구덩이를 채워 크레이터가 적게 존재합니다. 달의 육지는 높고 험준한 고지대로 저지대보다 운석이 충돌하기 쉬워 크레이터가 많이 존재합니다. 지구와 비교했을 때, 달이 회색빛과 검은색을 띠고 있는 것을 보아 대기와 물이 없다는 것을 알 수 있습니다. (융통성)

→ 평가표 :

(1) 채점 기준

답을 맞게 쓴 경우	3 점

(2) 채점 기준

그림을 보고 알 수 있는 차이점을 1 가지 쓴 경우	1 점
그림을 보고 알 수 있는 차이점을 2 가지 이상 쓴 경우	2 점

(1) + (2) 총합계	5 점

정답 및 해설

→ 정답 : (1) ① 달의 어두운 지역은 현무암질 용암이 대규모로 분출해서 생긴 평평한 지형인 용암대지와 분출한 용암이 급속도로 식어 만들어진 현무암질 암석으로 되어 있다. 현무암은 어두운 색을 나타내므로 어둡게 보인다.

② 달은 스스로 빛을 내는 천체가 아니지만 태양빛을 반사하여 빛을 내는 천체이다. 달의 어두운 지역은 대부분 현무암질 암석으로 되어있는데 현무암은 빛의 반사율이 낮으므로 어둡게 보인다.

(2) ① 지구는 대기가 있고, 달은 없다.
② 지구에는 기상 현상이 일어나고, 달에는 일어나지 않는다.
③ 지구에는 식물이 살고, 달에는 살지 않는다.
④ 지구의 바다에는 물이 있고, 달의 바다에는 물이 없다.
⑤ 달에는 운석이 충돌한 흔적이 있고, 지구에는 없다.
⑥ 달에서는 멀리 떨어져 있는 사람의 소리를 들을 수 없고, 지구에서는 들을 수 있다.
⑦ 달에서는 하늘이 검게 보이고, 지구에서는 하늘이 파랗게 보인다.
⑧ 달의 표면은 회색과 검은색 부분이 있고, 지구의 표면은 흰색, 파란색, 갈색 부분이 있다.

⟶ 해설 : (1) 달의 어두운 부분을 달의 바다라고 부르는데, 달의 바다는 현무암질 용암이 분출되어 굳은 낮고 평탄한 지대이다. 달의 바다를 구성하고 있는 현무암은 어두운 색을 나타내므로 태양빛의 반사율이 낮아 다른 지역보다 어둡게 보인다.

(2) 달에는 대기와 물이 없으므로 대기에서 일어나는 현상과 물 또는 수증기가 일으키는 현상은 일어날 수 없다.

문 13

P. 70

문항 분석 및 평가표

⟶ 문항 분석 : 여러 가지 물질이 섞여 있는 혼합물은 각 성분 물질의 성질을 잃어버리지 않습니다. 그러므로 각 물질이 가지고 있는 성질을 이용하여 혼합물을 분리할 수 있습니다. 생활 속에는 자석에 붙는 성질을 이용하여 물질을 분리하는 예가 많이 있습니다. 자석을 사용한 자동 분리기로 철 캔과 알루미늄 캔을 분리하여 재활용할 수 있습니다. 또한, 말린 고추를 기계를 사용하여 고춧가루로 만들 때 기계가 마모되어 작은 철가루들이 떨어져 나오는 것을 대비하여 기계로부터 고춧가루가 나오는 쪽의 밑에 자석봉을 두어 고춧가루에 섞여 있는 철을 최대한 제거할 수 있습니다. (유창성, 융통성, 정교성)

▲ 고춧가루에 섞여있는 철 분리

⟶ 평가표 :

(1) 채점 기준

㉠ 을 맞게 쓴 경우	1 점
㉡ 을 맞게 쓴 경우	1 점
합계	2 점

(2) 채점 기준

각각을 구별할 수 있는 방법을 맞게 설명한 경우	3 점
(1) + (2) 총합계	5 점

정답 및 해설

⟶ 정답 : (1) ㉠ 알루미늄, ㉡ 철

(2) 철 캔 : 각각의 캔에 자석을 가까이 가져간다. 철만 자석에 붙기 때문에 철 캔을 구별할 수 있다.
플라스틱 캔과 알루미늄 캔 :
① 두 개의 캔을 두드려 소리를 각각 들어본다.
② 두 개의 캔을 라이터로 각각 가열해 본다. 가열했을 때 변형이 되는 것이 플라스틱 캔이고, 변형되지 않는 것이 알루미늄 캔이므로 구별할 수 있다.
③ 두 개의 캔을 온도가 같은 뜨거운 물에 넣었다가 빼서 온도를 확인해 본다. 알루미늄이 플라스틱보다 열을 잘 전달하므로 더 뜨겁다.
④ 두 개의 캔에 각각 전류를 흘려 본다. 금속인 알루미늄에 전류가 흐르기 때문에 구별할 수 있다.

⟶ 해설 : (1) 철로 된 물체는 자석에 붙으므로 자석에 붙지 않는 ㉠ 은 알루미늄이고, 자석에 붙는 ㉡ 은 철이다.
(2) 철 캔은 자석에 붙으므로 자석을 가까이 가져가면 알 수 있다.
①, ③, ④ 알루미늄은 금속이고, 플라스틱은 금속이 아니므로 금속의 성질을 이용하여 알루미늄 캔을 구별할 수 있다. 금속은 소리와 열, 전류를 잘 전달한다.
② 플라스틱은 열을 가했을 때 녹으며, 열에 약한 성질을 가진다.

문 14

P. 71

문항 분석 및 평가표

⟶ 문항 분석 : 두 가지의 물질이 섞여 있을 때 밀도가 작은 물질은 위로 뜨고, 밀도가 큰 물질은 아래로 가라앉습니다. 물과 소금물을 비교했을 때, 소금이 녹아 있는 소금물은 밀도가 큽니다. 소금물의 밀도는 달걀보다 크기 때문에 소금물에서 달걀이 뜨는 것입니다. 소금의 양을 늘리면 소금물의 밀도는 더 커지므로 달걀이 더 높게 떠오를 것이고, 물의 양을 늘리면 소금물의 밀도는 작아지므로 달걀은 가라앉을 것입니다. 물체가 뜨는 정도로 두 용액의 진하기도 비교할 수 있습니다. 소금물처럼 색깔로는 진하기를 구별하기 힘들 때, 물체가 떠 있는 높이가 높을수록 용액이 진하다는 것을 알 수 있습니다. (융통성, 정교성)

⟶ 평가표 :

(1) 번 이유를 밀도와 관련지어 맞게 설명한 경우	2 점
(2) 번 답이 맞는 경우	3 점
총합계	5 점

정답 및 해설

⟶ 정답 : (1) 물에 달걀을 넣었을 때, 달걀이 물보다 밀도가 크므로 가라앉지만, 소금물보다는 밀도가 작으므로 떠 있을 수 있다.
(2) ㄱ, ㄹ

⟶ 해설 : (1) 소금물은 물보다 밀도가 크므로 달걀이 소금물 위에 뜬다.
(2) 달걀은 소금물보다 밀도가 작으므로 떠 있을 수 있다. 소금물에 물을 더 넣으면 소금물의 밀도가 감소하여 달걀이 가라앉는다. 비커를 바람이 잘 통하는 창가에 놓아두면 소금물 속 물의 증발이 잘 일어나면서 밀도는 더 커진다. 따라서 달걀은 수면 위로 더 떠오른다.
오답 해설) ㄴ, ㄷ 비커 주변의 습도가 높거나, 비커에 랩을 씌우면 비커에 들어있는 소금물 속 물은 증발하지 않고 거의 그대로이므로 달걀이 떠 있는 높이도 변화가 없다.

문 15

P. 72

문항 분석 및 평가표

⟶ 문항 분석 : 해설 참조. (융통성, 정교성)

⟶ 평가표 :

(1) 번 답이 맞는 경우	3 점
(2) 번 티의 색깔을 맞게 쓴 경우	2 점
총합계	5 점

정답 및 해설

→ 정답 : (1) ①, ②, ④
(2) 검은색

→ 해설 : 빛은 색이 다른 두 가지 이상의 빛을 합할수록 밝아진다. 빨간빛, 초록빛, 파란빛을 합하면 백색광이 되고, 백색광을 만드는 이 세 가지 빛을 빛의 3 원색이라고 한다.

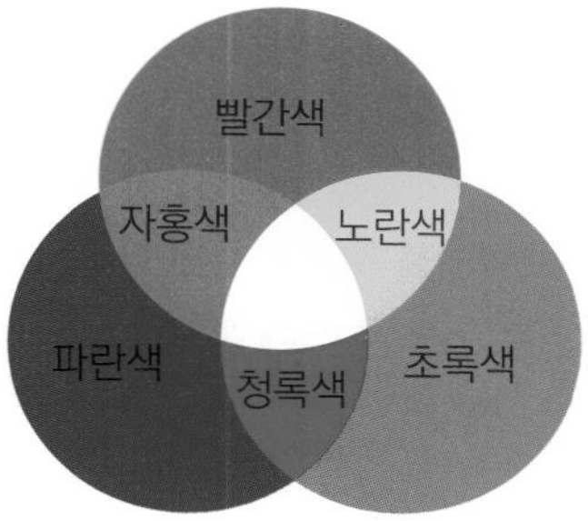

(1) ① ㄷ 에서 노란색 셀로판지로 파란색 종이를 보았더니 종이가 검은색으로 보였으므로 노란색 셀로판지는 파란빛을 통과시키지 못한다.

② ㄱ 과 ㄴ 에서 노란색 셀로판지로 빨간색 종이와 초록색 종이를 보았을 때, 각각의 색으로 보였으므로 노란색 셀로판지는 빨간빛과 초록빛을 통과시킨다.

④ 빛은 합할수록 밝아지며, 빛의 3 원색을 합하면 백색광이 된다. 두 가지의 빛(빨간빛과 노란빛)을 합한 노란색 셀로판지로 사물을 보면 맨눈으로 보는 것보다 어둡다.

오답 해설) ③ ㄱ 과 ㄴ 에서 노란색 셀로판지가 빨간빛과 초록빛을 통과시킨다는 것을 알았으므로 흰색 종이는 빨간빛과 초록빛이 합해진 노란색으로 보인다.

⑤ 노란색 셀로판지는 빨간빛과 초록빛이 합해진 색이므로 빨간빛과 초록빛을 동시에 보내면 모두 통과시킨다.

(2) 물체가 흡수하지 않고 반사하는 빛을 우리는 그 물체의 색으로 본다. 빨간빛을 물체에 비추면 빨간색 물체를 제외하고 다른 색을 가진 물체는 모두 빨간빛을 흡수한다. 그러므로 빨간빛 조명 아래 파란색의 옷을 입고 있는 무한이 친구들의 옷은 빨간빛을 흡수하고 반사하는 빛은 없으므로 검은색으로 보인다.

문 16
P. 73

문항 분석 및 평가표

→ 문항 분석 : 물속에 사는 생물들은 물속의 환경에 영향을 많이 받습니다. 햇빛은 녹조류를 자라게 하여 물벼룩의 먹이가 되고 물벼룩은 물고기의 먹이가 되는 등 먹이 관계를 유지합니다. 물속의 충분한 양의 산소가 필요하며 물이 오염되면 생물은 살 수 없고 물의 온도가 너무 낮으면 생물의 활동이 둔해지고 너무 높으면 죽을 수도 있습니다. 물속의 모래와 돌은 생물들이 알을 낳거나 먹이를 얻을 수 있는 장소이기도 합니다. (융통성, 정교성)

→ 평가표 :

(1) 채점 기준

1 명에 대해서만 맞게 쓴 경우	1 점
모두에 대해 맞게 쓴 경우	2 점

(2) 채점 기준

물고기가 살아있는 이유를 맞게 쓴 경우	2 점

(3) 채점 기준

물고기가 죽은 이유를 맞게 쓴 경우	2 점

(1) + (2) + (3) 총합계	6 점

정답 및 해설

→ 정답 : (1) 무한 : ① 먹이를 주지 않아도 물고기가 살 수 있는지 알아보기 위해
② 물고기에게 몇일에 한 번씩 먹이를 주면 될지 알아보기 위해
상상 : 하나의 어항에 몇 마리까지 키울 수 있는지 알아보기 위해
(2) ① 어항이 창가의 햇빛을 받아 어항 속에 녹조류가 자라서 그 녹조류를 먹고 물고기가 살았다.
② 녹조류를 먹고 번식한 물벼룩을 물고기가 먹고 살았다.
(3) ① 물고기에 비해 먹이를 아주 적게 줬다.
② 많은 물고기가 호흡하고 생성된 이산화 탄소가 어항의 물속에 가득 차고 산소는 부족했다.

→ 해설 : (1) 무한이가 한 실험에서 어항 (가) 와 어항 (나) 는 크기가 같고, 어항에 사는 물고기의 크기와 종류, 수도 모두 같다. 무한이는 먹이를 주는 횟수만 다르게 하여 한 달 후 살아 있는 물고기의 수를 관찰했으므로 먹이를 주지 않아도 물고기가 살 수 있는지 알아보기 위한 실험이다. 또한, 먹이를 주는 주기를 다르게 하여 물고기에게 몇일에 한 번씩 먹이를 주면 될지 알아보기 위한 실험이다.
상상이가 한 실험에서 어항 (다) 와 어항 (라) 는 크기가 같고, 어항에 사는 물고기의 크기와 종류, 먹이를 주는 횟수가 모두 같다. 상상이는 처음에 어항에 사는 물고기의 수를 다르게 하여 한 달 후 살아 있는 물고기의 수를 관찰했으므로 일정한 공간에서 살 수 있는 물고기의 수를 알아보기 위한 실험이다.

(2) 물이 든 어항을 창가에 놓아두면 햇빛을 받아 어항 속에 녹조류가 자라서 어항 속의 물이 녹색으로 변한다. 물벼룩은 해캄이나 식물성 플랑크톤을 먹고, 물벼룩은 물고기들의 먹이가 된다. 물고기들들의 배설물이나 시체는 어항 속 박테리아에 의해 분해되어 녹조류의 먹이가 되는 어항 속의 먹이 관계가 존재한다.
(3) ② 일정한 공간에 너무 많은 물고기가 살면 어항의 물속에 이산화 탄소가 가득 차고, 산소는 부족하여 물고기들은 숨을 쉴 수 없게 된다.

문 17
P. 74

문항 분석 및 평가표

→ 문항 분석 : 각 물질의 성질을 생각하여 할 수 있는 질문을 떠올려 봅시다. 2 개의 질문을 모두 해서 어떤 물질인지 찾아내야 하므로 하나씩 정답이 되도록 질문을 해야 합니다. (유창성, 정교성)

→ 평가표 :

질문 1 과 질문 2 를 모두 맞게 쓴 경우	2 점
질문 1 과 질문 2 에 대한 이유를 모두 맞게 설명한 경우	3 점
총합계	5 점

출제자 예시 답안

→

	질문	이유
질문 1	① 물에 녹였을 때 불투명한가요? ② 물에 녹인 후 증발시키면 얻어지는 결정이 없나요?	① 밀가루를 물에 녹였을 때는 불투명하지만 소금과 설탕은 투명하므로 밀가루를 제외할 수 있다. ② 소금물만 증발시켰을 때 소금이 얻어지므로 소금을 제외할 수 있다.
질문 2	① 물에 녹았을 때, 전류가 흐르나요? ② 반죽을 만들 수 있나요?	① 소금과 설탕 중 소금만 물에 녹아 전류가 흐르므로 상자 속 물질을 찾을 수 있다. ② 설탕과 밀가루 중 반죽을 만들 수 있는 것은 밀가루이므로 상자 속 물질을 찾을 수 있다.

문 18
P. 75

문항 분석 및 평가표

⟶ 문항 분석 : 풀과 나무는 대부분 잎, 줄기, 뿌리를 가지고 있으며, 땅에 뿌리를 내리고 햇빛을 이용하여 스스로 양분을 만들면서 살아간다는 공통점이 있지만, 서로 다른 점도 많습니다. 풀에 해당하는 벼와 나무에 해당하는 감나무의 차이점을 생각해 봅시다. (융통성, 정교성)

⟶ 평가표 :

(1) 채점 기준

차이점을 맞게 1 가지 쓴 경우	1 점
차이점을 맞게 2 가지 쓴 경우	2 점
차이점을 맞게 3 가지 이상 쓴 경우	3 점

(2) 채점 기준

'벼' 를 맞게 쓰고, 이유를 타당하게 설명한 경우	2 점
(1) + (2) 총합계	5 점

정답 및 해설

⟶ 정답 : (1) ① 벼는 한해살이 식물이고, 감나무는 여러해살이 식물이다.
② 벼는 외떡잎식물이고, 감나무는 쌍떡잎식물이다.
③ 벼는 키가 작고, 감나무는 비교적 키가 크다.
④ 벼는 주로 논이나 밭에서 자라고, 감나무는 주로 산이나 평평하고 넓게 트인 땅에서 자란다.
⑤ 벼는 식용으로 이용하고, 감나무는 목재로 이용하거나 열매를 얻을 수 있다.

(2) 벼, 대나무는 벼와 같이 외떡잎식물로, 형성층이 없어서 부피 생장을 하지 않는다.

⟶ 해설 : (1) 벼는 한해살이 식물 중 풀이고, 감나무는 여러해살이 식물 중 나무이다.
나무에 해당하는 감나무는 쌍떡잎식물로 줄기에 물관, 체관, 형성층으로 이루어진 관다발이 규칙적으로 배열하여 원 모양으로 분포하고 있다. 줄기의 관다발에 형성층이 있으므로 부피 생장을 하여 줄기가 두꺼워진다.
풀에 해당하는 벼는 외떡잎식물로 줄기에 물관과 체관으로만 이루어진 관다발이 불규칙적으로 배열되어 줄기 전체에 흩어져 있다. 줄기의 관다발에 형성층이 없으므로 부피 생장을 하지 않는다.

(2) 대나무는 겨울에도 살고 키가 크며, 줄기가 단단하고 두꺼워서 나무라고 생각하기 쉽다. 하지만 벼와 같은 외떡잎식물로 줄기에 형성층이 없는 관다발을 가지므로 부피 생장을 하지 않는다. 대나무의 줄기는 매년 처음 땅속에서 자라 올라오는 굵기로 살아간다.

문 19
P. 76

문항 분석 및 평가표

⟶ 문항 분석 : 화단의 흙에는 부식물이 많아 식물이 잘 자랄 수 있습니다. 운동장의 흙에는 부식물이 없어 식물이 잘 자라지는 않지만, 비가 온 뒤에 물이 많이 고이지 않는 것이 좋은 점입니다. (융통성, 정교성)

⟶ 평가표 :

(1) 번 답이 맞는 경우	3 점
(2) 번 '화단의 흙' 을 맞게 쓰고, 이유를 타당하게 설명한 경우	2 점
총합계	5 점

정답 및 해설

⟶ 정답 : (1) ㉠, ㉢
(2) 화단의 흙, 화단의 흙에는 살고 있던 식물에서 떨어진 나뭇잎이나 날아다니다가 죽은 곤충 등이 분해된 물질이 많이 포함되어 있기 때문이다.

→ 해설 : ㉠ 은 화단의 흙이고, ㉡ 은 운동장의 흙이다.
화단의 흙에는 풀과 나뭇잎, 죽은 곤충 등의 동식물이 분해된 부식물이 많아 식물이 운동장의 흙에서보다 잘 자란다. 또한, 알갱이의 크기가 작은 고운 흙과 부식물이 많이 섞여 있어 물 빠짐이 느리다. 운동장의 흙에는 부식물이 없고, 알갱이의 크기가 큰 모래가 많이 섞여 있어 빈틈이 많으므로 물 빠짐이 빠르다.
오답 해설) ㄴ. 화단의 흙에는 부식물이 많이 포함되어 있어 화단의 흙으로부터 빠져나온 물은 탁하다.
ㄹ. 화단의 흙에서 식물이 더 잘 자랄 뿐, 운동장의 흙에서도 식물이 자랄 수 있다.

문 20
P. 77

문항 분석 및 평가표

→ 문항 분석 : 해설 참조. (융통성)

→ 평가표 :

'㉡' 을 맞게 쓰고, 만들어진 곳과 관련지어 특징을 설명한 경우	5 점

정답 및 해설

→ 정답 : ㉡, 특징 : ① 화강암은 마그마가 지하 깊은 곳에서 서서히 식어 만들어진 암석으로 열과 화학 변화에 강하고, 단단한 성질을 가지고 있다.
② 용암이 지표 가까이에서 빠르게 굳어 내부에서 가스가 빠져나간 구멍이 있는 암석과 달리 화강암은 지하 깊은 곳에서 서서히 굳어 구멍이 없으므로 특히 더 단단하다.

→ 해설 : 마그마나 용암이 식으면서 굳어져 생성된 암석을 화성암이라고 한다. 화성암에는 마그마가 땅속 깊은 곳에서 굳어져서 만들어진 심성암과 용암이 지표 가까이에서 빠르게 굳어져 만들어진 화산암이 있다.

	화산암	심성암
생성 위치	지표 부근	지하 깊은 곳
마그마의 냉각 속도 (시간)	빠르다. (짧다)	느리다. (길다)
결정 크기	작다	크다
암석의 종류	현무암, 안산암 등	화강암, 반려암 등
특징	기체가 빠져나간 구멍이 보이기도 한다.	단단하며, 알갱이가 반짝거린다.
이용	맷돌, 축대 등	돌기둥, 건물 외벽, 비석 등

문 21
P.78

문항 분석 및 평가표

→ 문항 분석 : 사인펜의 잉크나 물감은 혼합물이므로 여러 가지 물질이 섞여 있습니다. 이 물질은 양이 매우 적으므로 크로마토그래피로 분리하는 것이 효율적입니다. 크로마토그래피는 혼합물의 성분 물질이 분필이나 거름종이에 분리되는 속도 차이를 이용하는 방법입니다. 수성 사인펜이나 수성 물감은 물에 잘 녹으므로 물을 이용하면 분리할 수 있고, 유성 사인펜이나 유성 물감은 알코올에 잘 녹으므로 알코올을 이용하면 분리할 수 있습니다. (융통성, 독창성)

→ 평가표 :

(1) 번 사인펜의 잉크가 혼합물이라는 내용을 언급하여 이유를 설명한 경우	3 점
(2) 번 감정가로서 할 수 있는 방법을 제시한 경우	2 점
총합계	5 점

정답 및 해설

→ 정답 : (1) ① 수성 사인펜의 잉크는 여러 가지 색소로 이루어진 혼합물이기 때문이다.
② 수성 사인펜의 잉크는 혼합물로 잉크 속 색소들이 물에 녹아 분리되는 속도가 다르기 때문이다.
(2) 예시 답안)
유화에 쓰인 물감은 혼합물로 크로마토그래피를 이용하여 분리할 수 있다. 그림에 쓰인 물감 속 여러 성분을 분리하여 그림을 그린 화가가 쓰는 물감의 성분과 같은지를 조사한다.

→ 해설 : (1) 크로마토그래피는 혼합물을 분리하는 방법 중 하나이다. 사인펜의 잉크는 혼합물로 수성 사인펜이라면 물속에 녹아 여러 색소로 분리될 수 있다. 각 색소는 분리되는 속도의 차이가 있고, 한 번에 분리되며 늦게(위쪽) 분리될수록 물과 친한 성분 물질이다.

문 22
P.79

문항 분석 및 평가표

→ 문항 분석 : 땅에서 사는 동물, 물에서 사는 동물, 날아다니는 동물은 모두 서식 환경에 잘 적응된 몸의 구조와 생활 방식을 가지고 있습니다. 사막에 사는 동물들은 어떤 몸의 구조와 생활 방식을 가지고 있을지 문제에 주어진 각 동물의 모습을 보고 떠올려 봅시다. (융통성, 정교성)

→ 평가표 :

1 마리에 대해서 이유를 맞게 설명한 경우	2 점
2 마리에 대해서 이유를 맞게 설명한 경우	4 점
낙타, 전갈, 거북이 모두에 대해 이유를 맞게 설명한 경우	6 점

출제자 예시 답안

→

동물	사막에서 잘 살 수 있는 이유
야생 낙타	먹이가 부족해도 살 수 있는 이유 : ① 등에 지방이 들어 있는 커다란 혹이 있는데 먹을 것이 없으면 혹 안의 지방을 이용해서 영양분을 얻는다. ② 입속에 단단한 돌기가 많이 나 있어서 가시가 많은 선인장까지 씹어 먹을 수 있다.

야생 낙타	일교차가 심해도 살 수 있는 이유 : ① 낙타는 사막에서 내리쬐는 햇빛을 정면으로 많이 바라보는데, 이것은 넓은 몸통이 햇빛에 노출되는 것을 막는 것이다. 그래서 낙타는 길고 수북한 속눈썹이 발달해 있고, 모래바람까지 막을 수 있다. ② 체온을 자유롭게 변화시킬 수 있다. 체온을 34 ~ 41 °C 사이로 높이고 낮추는 것이 자유롭다.
전갈	먹이가 부족해도 살 수 있는 이유 : ① 온몸이 딱딱한 껍데기로 되어 있어 몸에 있는 물이 쉽게 밖으로 빠져나가지 않으므로 수분과 체중을 유지할 수 있다. ② 사막 전갈은 독침이 있는 배와 꼬리 쪽이 매우 두껍고 힘이 세며 강한 독성을 갖는다. 먹이를 집게로 잡고, 강한 독침을 이용하여 먹이를 찾아다닌다. 일교차가 심해도 살 수 있는 이유 : ① 온몸이 딱딱한 껍데기로 되어 있어 몸에 있는 물이 쉽게 밖으로 빠져나가지 않으므로 체온을 유지할 수 있다. ② 바위나 돌, 갈라진 틈이나 구멍에 몸을 숨겨 더위와 추위를 피한다. ③ 다리가 길고 빠르게 움직이는 편으로 뜨거운 바닥에 몸이 닿는 부분을 줄인다.
거북이	먹이가 부족해도 살 수 있는 이유 : 곳곳에 자라 있는 풀을 뜯어 먹고 살며, 새벽에 위로 솟아 있는 등껍질에서 흘러내리는 이슬을 마시면서 수분을 유지한다. 일교차가 심해도 살 수 있는 이유 : ① 넓적다리에 가시 모양의 돌기가 나 있어 앞다리로 땅을 쉽게 파서 만든 땅굴 속에서 더위를 피한다. ② 체온을 자유롭게 변화시킬 수 있다.

문 23

P. 80

문항 분석 및 평가표

→ **문항 분석 : 해설 참조. (융통성, 정교성)**

→ **평가표 :** (1) 채점 기준

그림자를 1 개 맞게 그린 경우	1 점
그림자를 2 개 맞게 그린 경우	2 점
그림자를 3 개 모두 맞게 그린 경우	3 점

(2) 채점 기준

'그림자가 더 연하게 생긴다' 라고 답을 쓰고, 그 이유를 맞게 설명한 경우	1 점
'그림자가 약간 퍼진 모양으로 생긴다' 라고 답을 쓰고, 그 이유를 맞게 설명한 경우	2 점
합계	3 점

(1) + (2) 총합계	6 점

정답 및 해설

→ 정답: (1)

A 방향	B 방향	C 방향

(2) 유리컵을 비췄을 때, 그림자는 더 연하게 생기고, 실제 컵 모양보다 약간 퍼진 모양으로 나타난다. 투명한 물체는 빛이 대부분 물체를 통과하므로 연한 그림자가 생기고, 빛이 유리컵과 같은 투명한 물체를 통과할 때 빛의 진행 경로가 꺾이는 굴절이 일어나면서 분산되어 그림자의 모양이 약간 퍼진 모양으로 나타난다.

→ 해설 : (1) 물체에 빛을 비추었을 때, 빛이 나아가다가 물체에 막히면 빛이 도달하지 못하는 물체의 뒤쪽에 실제 모양과 비슷한 그림자가 생긴다. 이것은 빛이 직진하는 성질을 가지고 있기 때문이다. 그림자 모양은 물체에 빛을 비추는 방향에 따라 달라지는데, 손전등의 빛을 받는 면의 모양대로 그림자가 생긴다.

(2) 빛이 물체를 통과하는 정도에 따라 그림자의 진하기가 달라진다. 빛이 나아가다가 도자기 컵, 종이와 같은 불투명한 물체를 만나면 빛이 통과하지 못해 진한 그림자가 생기고, 유리컵, 투명 비닐과 같은 투명한 물체를 만나면 빛이 대부분 통과해 연한 그림자가 생긴다.
또한, 빛이 유리컵과 같은 투명한 물체를 통과할 때 빛의 진행 경로가 꺾이는 굴절이 일어나면서 분산되어 그림자의 모양이 약간 퍼진 모양으로 나타난다.

문 24

P. 81

문항 분석 및 평가표

→ 문항 분석 : 추리는 관찰 결과, 과거 경험, 이미 알고 있는 내용 등을 바탕으로 알지 못하는 내용을 생각해 보는 것입니다. 과학적 추리 방법을 이해하고, 이를 적용하여 초파리의 먹이를 추리해 보세요. (융통성)

→ 평가표 :

과학적 추리 방법에 맞게 초파리의 먹이를 추리한 경우	4 점

출제자 예시 답안

→

관찰
① 입이 있다. ② 한 쌍의 날개가 있다. ③ 입이 꽃에서 꿀을 빨아 먹기 위해 가늘고 긴 입 구조를 가진 나비와는 다르게 생겼다.

추리한 내용
초파리는 날아다니면서 좋아하는 먹이를 찾아다닌다. 초파리의 입은 끝이 스펀지처럼 되어 있어 새콤달콤한 냄새가 나는 과일 껍질이나 음식물 찌꺼기를 주로 핥아 먹을 것이다.

알고 있는 내용이나 과거 경험
① 초파리의 입은 끝이 스펀지처럼 되어 있어 먹이를 핥아먹기에 좋은 구조로 되어 있다. ② 초파리는 과일 껍질을 가장 좋아한다. ③ 먹고 버린 과일 껍질 주위에 초파리가 많이 모여 있는 것을 본 적이 있다. ④ 상한 음식이나 음식물 찌꺼기가 끼어 있는 싱크대 배수구에 모여 있는 것을 본 적이 있다.

문 25
P. 82

문항 분석 및 평가표

→ 문항 분석 : 해설 참조. (융통성, 정교성)

→ 평가표 :

(1) 채점 기준

㉠, ㉡ 중 1 개에 대해서만 맞게 쓴 경우	1 점
㉠, ㉡ 모두에 대해 맞게 쓴 경우	3 점

(2) 채점 기준

답을 맞게 쓴 경우	3 점

(1) + (2) 총합계	6 점

정답 및 해설

→ 정답 : (1) ㉠ 큰 소리와 작은 소리 (① 번과 ② 번)　　㉡ 높은 소리와 낮은 소리 (③ 번과 ④ 번)
(2) 호루라기의 울림통을 크게 만들어야 한다.

→ 해설 : (1) 소리는 물체의 떨림에 의해 발생한다. 물체가 크게 떨리면 큰 소리가 나고, 작게 떨리면 작은 소리가 난다. 숟가락을 두드리게 되면 숟가락이 떨리면서 소리가 발생한다. 숟가락을 세게 두드릴수록 숟가락이 크게 떨리게 되므로 큰 소리가 난다.
소리가 진동할 때, 진동하는 공간이 짧으면 진동 횟수가 커서 높은 소리가 나고, 공간이 길면 진동 횟수가 적어서 낮은 소리가 난다. 같은 세기로 더 짧게 매달려 있는 숟가락을 두드릴수록 진동하는 공간이 더 짧아지므로 높은 소리가 난다.

(2) 취구에 공기를 불어넣으면 호루라기 안으로 들어간 공기는 위의 구멍을 통해서 빠져나온다. 위의 구멍으로 나오는 공기는 음파를 일으킨다. 이와 동시에 울림통 안쪽에도 공기가 흐른다. 그 공기는 울림통의 모양대로 둥글게 흐르고 다시 위의 구멍으로 빠져나가면서 위쪽의 음파를 더욱 증폭시킨다. 그러므로 울림통이 클수록 많은 양의 공기가 음파를 더욱 증폭시킬 수 있다. 파장이 긴 큰 소리는 멀리까지 전달될 수 있고, 진폭이 클수록 훨씬 멀리까지 전달되어 잘 들을 수 있게 된다.

문 26
P. 83

문항 분석 및 평가표

→ 문항 분석 : 날개가 있고 몸이 비교적 가벼워 날아다니는 동물로 분류하는 새는 사는 곳의 환경에 따라 먹이가 다르므로 다양한 부리를 가지고 있습니다. (융통성, 정교성)

→ 평가표 :

(1) 채점 기준

특징을 1 가지 쓴 경우	1 점
특징을 2 가지 이상 쓴 경우	2 점

(2) 채점 기준

벌새 부리의 특징과 연관 지어 생활 속 도구를 설명한 경우	2 점

(1) + (2) 총합계	4 점

출제자 예시 답안

→ (1) ① 끝이 갈고리처럼 휘어져 있다.　　② 휘어진 끝 부분이 뾰족하다.　　③ 부리 전체가 단단하다.
(2) ① 좁은 틈이나 작은 구멍을 통해 무엇인가를 꺼낼 때 쓰는 핀셋은 벌새의 부리처럼 가늘고 길며, 끝이 뾰족하다.
② 가는 철사 등을 끊거나 좁은 장소에서 정밀한 작업을 할 때 쓰는 롱노즈 플라이어(펜치)는 벌새의 부리처럼 가늘고 길며 끝이 뾰족하다.
③ 적은 양의 액체를 정밀하게 옮기는 데 쓰이는 실험 도구인 스포이드는 벌새가 꽃 속의 꿀을 빨아 먹기 위한 가늘고 긴 부리의 모양과 유사하다.

문 27
P. 84

문항 분석 및 평가표

⟶ 문항 분석 : 해설 참조. (유창성, 융통성)

⟶ 평가표 : (1) 채점 기준

1 가지 쓴 경우	1 점
2 가지 이상 쓴 경우	2 점

(2) 채점 기준

이유를 맞게 쓴 경우	3 점

(1) + (2) 총합계	5 점

정답 및 해설

⟶ 정답 : (1) ① 산 꼭대기에 마그마가 분출할 때 생긴 분화구나 호수
② 산 주변에 화산 폭발 당시 용암이 흐르면서 변화된 지형
③ 산 주변에 발생하는 지진
④ 산 주변에 말라죽은 식물들
⑤ 산 주변의 온천
⑥ 산 주변의 지열 발전소

(2) 백두산의 꼭대기는 온도가 매우 낮고 겨울에는 영하로 떨어지므로 겨울에 내리는 눈이 계속해서 얼어붙어 모두 녹기 어렵다. 천지 근처에는 온천이 있기도 하지만, 온천이 전체적으로 분포하고 있는 것은 아니므로 눈을 모두 녹이지 않는다.

⟶ 해설 : (1) ① 화산의 꼭대기는 마그마가 분출하던 곳으로 움푹 패인 분화구와 오랜 시간이 지나면서 물이 고여 호수를 형성하기도 한다.
② 화산이 폭발할 때 지표로 분출한 용암은 흐르는 성질이 있어 주변 지형을 변화시킬 수 있다.
③ 지구 내부에서 만들어진 마그마가 지각의 약한 틈을 뚫고 지표로 나오면서 화산이 폭발하므로 화산이 일어나기 전에는 보통 지진이 발생한다.
④ 화산이 폭발할 때 수증기, 이산화 탄소, 질소, 이산화 황 가스 등의 화산 가스가 나온다. 과거에 화산 활동을 했던 산의 주변에서 이러한 가스가 발생하면 앞으로 또다시 화산 활동을 할 수 있다고 예측한다.
⑤ 화산 지대의 열을 이용해 온천을 개발해 관광 자원으로 활용한다.
⑥ 지열 발전소는 땅속 깊은 곳의 열을 이용하여 전기를 얻는 곳인데, 화산 주변 땅속의 깊은 곳에는 열이 풍부하므로 지열 발전소가 있다.

(2) 백두산은 고도가 상승할수록 기압이 감소하고, 이에 따라 기온이 낮아지면서 저지대에서 나타나는 기후와 다른 기후를 가진다. 산 정상의 연평균 기온은 – 8.3 ˚C 이다. 여름은 18 ˚C 정도이지만, 겨울에는 – 47.5 ˚C 까지 내려간다. 9 월 말부터 6 월 초까지 백두산의 꼭대기는 영하까지 내려가므로 산에 오르는 것을 금지한다.

문 28
P. 85

문항 분석 및 평가표

⟶ 문항 분석 : 소리는 파동의 한 형태로 음파라고도 합니다. 물체가 떨리면 그 떨림이 공기를 통해 우리 귀까지 전달되어 소리가 들리게 됩니다. (융통성)

⟶ 평가표 :

(1) 번 이유를 맞게 쓴 경우	2 점
(2) 번 방법을 맞게 쓴 경우	2 점
총합계	4 점

정답 및 해설

→ 정답 : (1) 주변의 수많은 소리의 파동이 서로 중첩되어 불규칙하게 들리는 소리가 생긴다. 불규칙한 소리가 우리 귀로 계속해서 들어오면 소음으로 느끼게 된다.

(2) 예시 답안)

① 공사장 주변에 방음벽을 설치한다. 방음벽은 소리를 공사장 쪽으로 반사시킨다.

② 음악을 크게 듣고 있는 방의 벽에 스펀지 등의 방음재를 붙인다.

③ 여러 소리가 섞여서 들리지 않게 하면 소리가 중첩되는 것을 막아 소음을 줄일 수 있다. 공사는 출근 시간이 지난 오전에 주로 하거나, 공사할 때는 확성기의 사용을 하지 못하게 하는 등 한꺼번에 많은 소리가 들리지 않게 한다.

④ 음악을 들을 때, 이어폰을 끼고 듣는다.

⑤ 확성기의 사용을 줄인다.

문 29
P. 86

문항 분석 및 평가표

→ 문항 분석 : 해설 참조. (융통성, 정교성)

→ 평가표 :

(1) 번 답이 맞는 경우	3 점
(2) 번 방법을 맞게 쓴 경우	3 점
총합계	6 점

정답 및 해설

→ 정답 : (1) ①, ③, ⑤

(2) 큰 그릇에 물을 반쯤 채우고 부피를 측정한 뒤에 왕관을 물속에 완전히 잠기도록 한 후 물의 부피를 측정한다. 그리고 처음 부피와 나중 부피의 차이를 구하면 그 차이가 왕관의 부피가 된다.

→ 해설 : (1) 밑면적이 같은(가) 와 (나) 는 높이에 따라 단면적이 변하지 않고 일정하므로 (가) 와 (나) 에 담기는 액체의 부피는 높이에 비례한다. 그러므로 눈금도 일정한 간격으로 매겨야 한다. (가) 와 (나) 에 담겨 있는 액체의 높이가 같다면 두 액체의 부피도 같다.

오답 해설) ② (다) 는 위로 올라갈수록 단면적이 넓어지므로 눈금의 간격을 점점 좁게 매겨야 한다.

④ 도구에 액체를 많이 담을수록 무게중심이 밑면을 벗어나 넘어지기 쉬운 도구는 (가) 이다.

(2) 불규칙한 모양의 고체를 액체에 넣었을 때, 증가한 액체의 부피를 측정하면 된다. 이때 액체는 고체를 녹이지 않는 물질이어야 한다.

문 30
P. 87

문항 분석 및 평가표

→ 문항 분석 : 물체가 특정한 색으로 보이는 것은 그 물체가 다른 빛은 모두 흡수하고 특정한 파장의 빛만 반사하기 때문입니다. (융통성, 정교성)

→ 평가표 :

(1) 번 답이 맞는 경우	2 점
(2) 번 이유를 맞게 설명한 경우	3 점
총합계	5 점

정답 및 해설

—> 정답 : (1) 검은색

(2) 물에 젖은 티셔츠에 도달하는 빛의 일부가 물속으로 굴절된다. 그 굴절된 빛은 다시 밖으로 나오는 양이 적으므로 우리 눈에 들어오는 빛의 양이 적어지면서 어둡게 보인다.

—> 해설 : (1) 파란색 드레스는 파란빛은 반사하고, 다른 색의 빛은 모두 흡수한다. 노란빛은 빨간빛과 초록빛이 합쳐진 것이므로 파란색 드레스는 노란빛(빨간빛과 초록빛)을 모두 흡수하여 검은색으로 보인다.

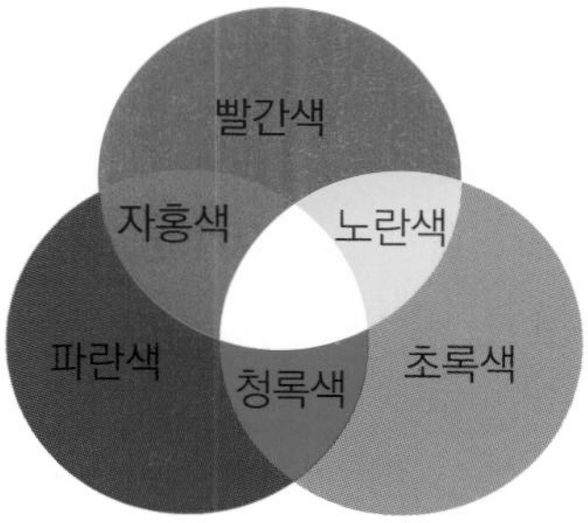

▲ 빛의 3 원색

문 31
P. 88

문항 분석 및 평가표

—> 문항 분석 : 온도는 물질이 차갑거나 따뜻한 정도를 숫자와 ' ° C ' 라는 단위를 함께 사용하여 나타내는 것을 말합니다. 온도는 온도계를 사용하여 측정할 수 있는데, 온도에 따라 물질의 부피가 변하는 것을 이용한 알코올 온도계가 있습니다. 알코올 온도계는 구부에 알코올을 넣어 만든 온도계로 온도에 따른 알코올의 부피 변화로 온도를 측정합니다. 문제에서 무한이가 만든 간이 온도계는 어떤 원리로 온도를 측정하는 것인지 생각해 봅시다. (융통성, 정교성)

—> 평가표 :

얼음물이나 따뜻한 물 중 1 가지에 대해서만 맞게 쓴 경우	2 점
얼음물과 따뜻한 물 모두에 대해 맞게 쓴 경우	5 점

정답 및 해설

—> 정답 :

	빨대 속의 용액 변화	이유
얼음물에 넣었을 때	내려온다.	간이 온도계를 얼음물에 넣으면 병 속 공기의 분자 운동이 느려지면서 공기의 압력이 작아지기 때문이다.
따뜻한 물에 넣었을 때	올라간다.	간이 온도계를 따뜻한 물에 넣으면 병 속 공기의 분자 운동이 빨라지면서 공기의 압력이 커지기 때문이다.

—> 해설 : 무한이가 만든 간이 온도계는 온도에 따른 병 속 공기의 압력 변화를 이용하여 온도를 측정한다. 기체의 압력은 온도가 높을수록 분자의 운동 속도가 빨라져 용기 벽면에 충돌하는 횟수가 증가하여 커진다.

문 32
P. 89

문항 분석 및 평가표

⟶ 문항 분석 : 씨앗이 싹트는 데는 물, 공기, 적당한 온도가 필요하다. 씨앗이 크기가 작은 경우에는 흙을 아주 얇게 덮어주면 되지만, 씨앗의 크기가 큰 경우에는 크기의 2 ~ 3 배 정도의 깊이로 심어줘야 썩거나 마르지 않습니다. (융통성)

⟶ 평가표 :

이유를 씨앗이 싹트는 데 필요한 조건과 관련지어 맞게 설명한 경우	4 점

정답 및 해설

⟶ 정답 : 완두콩은 씨앗을 심을 때 너무 깊게 심으면 공기가 잘 통하지 않아서 썩기 쉽고, 너무 얕게 심으면 물이 증발되어 씨앗이 마르기 쉽기 때문이다.

문 33
P. 90

문항 분석 및 평가표

⟶ 문항 분석 : 해설 참조. (유창성, 융통성)

⟶ 평가표 :

(1), (2) 채점 기준

(1) 번 답이 맞는 경우	2 점
(2) 번 답이 맞는 경우	2 점
(1) + (2) 합계	4 점

(3) 채점 기준

방법을 1 가지 이상 쓴 경우	2 점

(1) + (2) + (3) 총합계	6 점

정답 및 해설

⟶ 정답 : (1) A (2) 6,000 m

(3) 예시 답안)

① 줄에 추를 매달아 바닷속에 직접 넣어 깊이를 잰다.

② 카메라가 설치되어 있는 무인 잠수정을 이용한다.

③ 얕은 바다는 잠수복을 입고 직접 들어가거나 잠수정을 타고 직접 측정한다.

⟶ 해설 : 음향 측심법은 배에서 바닷속으로 초음파를 발사하여 음파가 바다 밑바닥에서 반사되어 돌아오는 시간을 측정하여 바다의 깊이를 알아내는 방법이다.

(1) 바닷속으로 발사한 초음파가 반사되어 돌아오는 시간이 짧을수록 바다의 깊이가 얕다.

(2) 바다의 깊이를 구하는 식은 다음과 같다.

바다의 깊이 = 초음파의 속도 × 걸린 시간 / 2

따라서 초음파가 반사되어 돌아오는 시간이 가장 긴 C 지점이 바다의 깊이가 가장 깊고, 바다의 깊이를 계산해보면 1,500 m/s × 8 s / 2 = 6,000 m 이다.

문 34
P. 91

문항 분석 및 평가표

⟶ 문항 분석 : 해설 참조. (융통성)

⟶ 평가표 :

끓음 현상으로 이유를 설명한 경우	4 점

정답 및 해설

⟶ 정답: 물이 끓는점에 도달하면 물 내부에서도 수증기로 상태 변화가 일어난다. 이러한 수증기들이 모여 공기 방울을 형성한 것이다.

⟶ 해설 : 물을 가열하면 처음에는 액체 표면에서 증발만 일어나다가 끓는점에서는 물 내부에서도 물이 수증기로 상태 변화가 일어난다. 액체 표면에서 일어나는 증발은 모든 온도에서 일어나고, 액체 표면과 내부 모두에서 일어나는 끓음은 끓는점 이상의 온도에서 일어난다.

문 35
P. 92

문항 분석 및 평가표

⟶ 문항 분석 : 해설 참조. (융통성, 정교성)

⟶ 평가표 :

(1) 채점 기준

A 와 B 중 1 가지만 맞게 쓴 경우	1 점
A 와 B 모두 맞게 쓴 경우	2 점

(2) 채점 기준

답을 맞게 쓴 경우	3 점

(1) + (2) 총합계	5 점

정답 및 해설

⟶ 정답: (1) A : 침식 작용　　B : 퇴적 작용

(2) 물의 흐름이 느린 중류에서 시간이 지남에 따라 바깥쪽의 침식 작용과 안쪽의 퇴적 작용으로 점점 구부러짐이 심해지면서 만들어지는 지형이 곡류이다. 이러한 과정이 계속되면서 하천은 더욱 휘어져 흐르다가 갑자기 물이 불어나면 구부러진 강의 일부분이 떨어져 소의 뿔처럼 둥근 모양의 호수로 남게 되는 것이 우각호이다.

⟶ 해설 : (1) 곡류의 바깥쪽 A 에서는 물의 흐름이 빨라서 침식 작용이 일어나고, 곡류의 안쪽 B 에서는 물의 흐름이 느려져서 퇴적 작용이 일어난다.

문 36
P. 93

문항 분석 및 평가표

⟶ 문항 분석 : 나무늘보는 너무 느리게 움직여서 이름에도 느림보라는 뜻을 가지고 있습니다. 치타가 전력 질주할 때 110 km/h 로 달리는데, 나무늘보는 전력질주를 하면 200 m/h 밖에 안 된다고 합니다. 나무늘보의 느리게 움직이는 생활 방식이나 몸을 덮고 있는 털의 모습 등을 생각하여 야생에서 어떻게 살아남을 수 있었을지 생각해 봅시다. (유창성, 정교성)

⟶ 평가표 :

이유를 1 가지 쓴 경우	2 점
이유를 2 가지 쓴 경우	3 점
이유를 3 가지 이상 쓴 경우	5 점

출제자 예시 답안

⟶ ① 나무에서 거의 내려오지 않으므로 높은 나무에 매달려 있으면 육상 동물들이 공격하지 못한다.
② 나무에서 거의 움직이지 않으므로 움직임을 보고 먹이를 낚아채는 독수리와 같은 새들의 공격을 피할 수 있다.
③ 비가 많이 내리면 털 가닥 사이사이에 녹색 조류가 자라 나무에서 나뭇잎 뭉치처럼 보이므로 몸을 숨길 수 있다.

문 37
P. 94

문항 분석 및 평가표

→ 문항 분석 : 직진하는 빛이 지나가는 길에 불투명한 물체를 두면, 물체가 막아 빛이 도달하지 못하는 부분에 물체의 모양과 비슷한 그림자가 생깁니다. 그림자는 물체를 놓는 모습에 따라 달라집니다. 또한, 빛을 내는 물체와 스크린 사이의 거리가 일정할 때, 물체를 빛으로부터 가까이하면 그림자가 커지고, 멀리하면 그림자가 작아집니다. 이러한 그림자의 모양과 크기 변화를 이용하여 각각의 내용을 어떻게 표현할 수 있을지 생각해 봅시다. (융통성, 독창성, 정교성)

→ 평가표 :

(1) 채점 기준

답을 맞게 쓴 경우	3 점
(1) + (2) 총합계	6 점

(2) 채점 기준

표 1 칸을 맞게 채운 경우	1 점
표 2 칸을 맞게 채운 경우	2 점
표 3 칸을 모두 맞게 채운 경우	3 점

정답 및 해설

→ 정답 : (1) ① 직진하는 빛이 물체를 통과하지 못하면 물체 모양과 비슷한 그림자가 물체의 뒤쪽에 생기기 때문이다.

② 그림자는 물체의 모양에 따라 그림자 모양이 바뀌고, 빛과 물체 사이의 거리에 따라 크기가 달라지므로 여러 그림자를 표현할 수 있기 때문이다.

(2) 예시 답안)

	그림자 표현 방법
토끼와 거북이가 나란히 서서 달리기 시합을 해보자고 이야기하는 모습	빛으로부터 같은 거리에 토끼와 거북이 종이 모형을 둔다.
토끼가 낮잠을 자고 있을 때, 거북이가 토끼보다 앞질러 있는 모습	토끼 종이 모형을 약간 기울이고, 빛으로부터 거북이 종이 모형을 토끼 종이 모형보다 멀리 둔다.
토끼가 뒤늦게 거북이를 따라가는 모습	빛으로부터 거북이 종이 모형을 멀리 두고, 토끼 종이 모형은 빛과 가까운 곳에서부터 점점 멀어지도록 해서 거북이와 가까워지는 모습을 표현한다.

→ 해설 : (2) 표에 쓴 표현 방법대로 그림자를 스크린에 나타내면 다음과 같다.

	그림자 표현	그림자를 스크린에 나타낸 모습
토끼와 거북이가 나란히 서서 달리기 시합을 해보자고 이야기하는 모습	빛으로부터 같은 거리에 토끼와 거북이 종이 모형을 둔다.	① 

토끼와 거북이가 나란히 서서 달리기 시합을 해보자고 이야기하는 모습	빛으로부터 같은 거리에 토끼와 거북이 종이 모형을 둔다.	② 
토끼가 낮잠을 자고 있을 때, 거북이가 토끼보다 앞질러 있는 모습	토끼 종이 모형을 약간 기울이고, 빛으로부터 거북이 종이 모형을 토끼 종이 모형보다 멀리 둔다.	
토끼가 뒤늦게 거북이를 따라가는 모습	빛으로부터 거북이 종이 모형을 멀리 두고, 토끼 종이 모형은 빛과 가까운 곳에서부터 점점 멀어지도록 해서 거북이와 가까워지는 모습을 표현한다.	

문 38
P. 95

문항 분석 및 평가표

—> **문항 분석 : 해설 참조.(융통성, 정교성)**

—> **평가표 :**

(1) 번 답을 맞게 쓴 경우	3 점
(2) 번 이유를 맞게 설명한 경우	3 점
총합계	6 점

정답 및 해설

—> 정답: (1) 모래나 소금과 같은 가루 물질을 여러 모양의 그릇에 담으면 전체의 모양은 그릇에 따라 변하지만, 알갱이 하나하나의 모양과 부피는 변하지 않기 때문에 가루 물질도 고체라고 해.

(2) 일정한 양의 공기가 들어 있는 고무풍선을 비틀면 부피가 줄어드는 만큼 압력이 높아지므로 더 팽팽해진다.

→ 해설 : 고체의 성질 : 담는 그릇이 바뀌어도 모양과 부피가 변하지 않는다.
액체의 성질 : 담는 그릇에 따라 모양은 변하지만 부피는 변하지 않는다.
기체의 성질: 담는 그릇에 따라 모양과 부피가 변하며, 담긴 그릇을 항상 가득 채운다. 또한, 기체는 이동할 수 있다.

문 39 P. 96

문항 분석 및 평가표

→ 문항 분석 : 해설 참조. (유창성, 융통성)

→ 평가표 : (1) 채점 기준

이유를 맞게 쓴 경우	3 점

(1) + (2) 총합계	5 점

(2) 채점 기준

적절한 방법을 1 가지 쓴 경우	1 점
적절한 방법을 2 가지 이상 쓴 경우	2 점

정답 및 해설

→ 정답: (1) 100 ˚C 이상으로 가열된 기름에 물이 들어가면 순간적으로 물이 끓어 수증기로 변한다. 이때 부피가 매우 증가하여 기름이랑 함께 여기저기로 튀어나오기 때문이다.

(2) ① 프라이팬의 뚜껑을 닫는다.
② 프라이팬을 마른행주나 수건으로 덮는다.
③ 베이킹 파우더를 뿌려준다.
④ 그릇에 드라이아이스를 담고, 드라이아이스에서 나오는 기체가 불 쪽을 향하게 둔다.

→ 해설 : (1) 기름의 끓는점은 점성 때문에 150 ˚C 이상이고, 물의 끓는점은 100 ˚C 이다. 물이 끓는점보다 더 높은 온도의 기름과 만나면 순간적으로 물이 끓어 수증기로 변하면서 부피가 약 1600 배 이상으로 커진다. 물은 기름 속에서도 기화되면서 물과 기름이 함께 튀어나와 폭발 수준에 이른다.

(2) 불이 나기 위해서는 물질이 산소와 만나 발화 온도까지 올라가야 한다.
①, ② : 공기 중의 산소와 만나는 것을 차단한다.
③ : 베이킹 파우더의 주성분(탄산수소나트륨)이 열분해 되면 이산화 탄소를 발생시킨다. 이산화 탄소는 공기보다 무거우므로 기름을 덮어 산소를 차단할 수 있다.
④ : 고체 상태의 이산화 탄소인 드라이아이스가 공기 중에서 승화하여 기체가 된다. 이산화 탄소는 공기보다 무거우므로 기름을 덮어 산소를 차단할 수 있다.

문 40 P. 97

문항 분석 및 평가표

→ 문항 분석 : 해설 참조. (융통성)

→ 평가표 : (1) 채점 기준

답을 맞게 쓴 경우	2 점

(1) + (2) 총합계	5 점

(2) 채점 기준

속도를 느려지게 하거나 빨라지게 하는 방법 중 1 가지만 맞게 쓴 경우	1 점
속도를 느려지게 하거나 빨라지게 하는 방법을 모두 맞게 쓴 경우	3 점

정답 및 해설

⟶ 정답: (1) ㉠ (　 중력　)

(2) 속도가 느려지는 방법 : ① 팔과 다리를 쫙 편다.

② 같이 날고 있는 다른 스카이다이버의 손을 잡고 함께 팔과 다리를 쫙 편다.

속도가 빨라지는 방법 : 몸 전체를 최대한 움츠린다.

⟶ 해설 : (1) 지구가 물체를 지구 중심 방향으로 끌어당기는 힘을 중력이라고 한다.

(2) 공기 저항력이 클수록 떨어지는 물체의 속도는 느려진다. 공기 저항력은 떨어지는 물체의 표면적이 클수록 크다.

문 41 P. 98

문항 분석 및 평가표

⟶ 문항 분석 : 해설 참조. (융통성, 정교성)

⟶ 평가표 :

(1) 번 답과 이유를 맞게 쓴 경우	3 점
(2) 번 답이 맞는 경우	2 점
총합계	5 점

정답 및 해설

⟶ 정답: (1) 관측할 수 있다.

이유 : A 구멍에서 손전등으로 비춘 빛은 직진하여 거울에서 일정한 방향으로 반사된다. 이때 반사된 빛이 B 구멍을 향하면, B 구멍에서 관측하고 있는 우리 눈에 빛이 도달하여 관측할 수 있다.

(2) ③, ⑤

⟶ 해설 : (1) A 에서 거울 속의 B 구멍을 향해 빛을 쏘면, 반사된 빛이 B 구멍을 향한다. 그러므로 B 구멍에서는 A 구멍으로 비춘 빛을 관측할 수 있다.

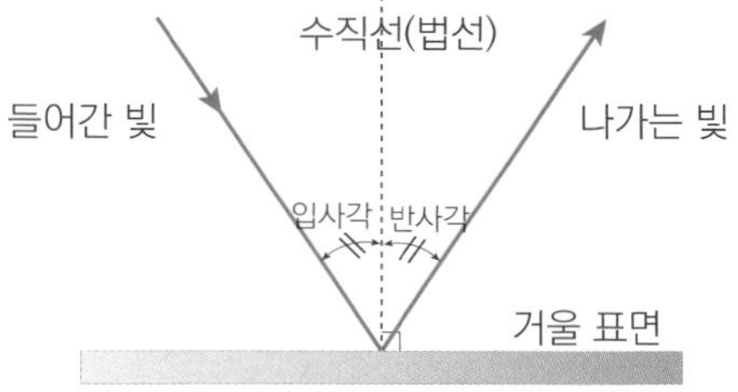

(2) ③, ⑤ 의 현상을 통해 문제의 실험과 같이 빛은 직진하며, 거울에서 일정한 방향으로 반사되는 것을 알 수 있다.

오답 해설) ① 하늘이 파랗게 보이는 이유는 빛의 산란 때문이다.

② 안경의 렌즈는 빛의 굴절을 이용한다.

④ 물속에 젓가락을 넣었을 때, 젓가락이 꺾여 보이는 현상은 빛의 굴절 때문이다.

문 42 P. 99

문항 분석 및 평가표

⟶ 문항 분석 : 해설 참조. (융통성)

⟶ 평가표 :

질문 2 개 중 1 개에 대해서만 답과 이유를 모두 맞게 쓴 경우	3 점
질문 2 개에 대해 답과 이유를 모두 맞게 쓴 경우	6 점

정답 및 해설

→ 정답 :

	답	그렇게 생각한 이유
저음의 긴 울음소리일까요? 고음의 짧은 울음소리일까요?	저음의 긴 울음소리	진동수가 낮고, 파장이 긴 저음의 소리가 멀리까지 전달될 수 있기 때문이다.
낮일까요? 밤일까요?	밤	밤에는 지표면에 가까울수록 온도가 낮고, 소리의 속도가 느려지므로 소리는 아래쪽으로 굴절하기 때문이다.

→ 해설 : – 진동수가 낮고, 파장이 긴 저음의 울음소리가 나무와 풀이 우거진 숲에서도 멀리까지 잘 전달될 수 있다. 진동수가 높고, 파장이 짧은 고음의 울음소리는 나무와 풀에 부딪혀 여러 방향으로 소리가 흩어지므로 멀리까지 전달될 수 없다.

– 밤에는 지표면에 가까울수록 온도가 낮고, 소리의 속도가 느려지므로 그림과 같이 소리가 아래쪽으로 굴절한다. 그러므로 지표면에 있는 동물들에게는 밤에 내는 울음 소리가 잘 들린다.

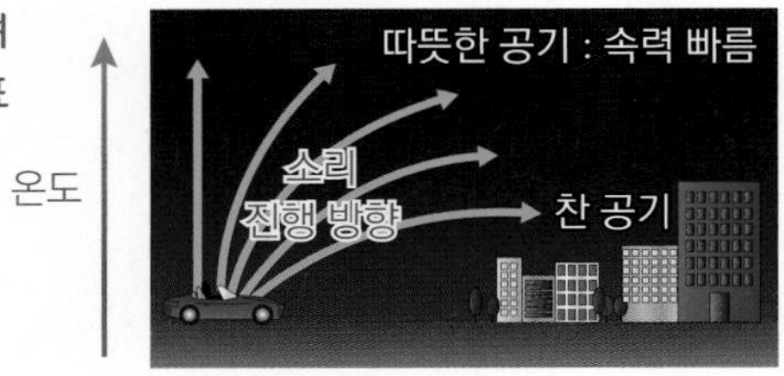

문 43
P.100

문항 분석 및 평가표

→ 문항 분석 : 해설 참조. (유창성, 융통성)

→ 평가표 :

적절한 방법을 1 가지 쓴 경우	1 점
적절한 방법을 2 가지 쓴 경우	2 점
적절한 방법을 3 가지 쓴 경우	3 점
적절한 방법을 4 가지 이상 쓴 경우	5 점

출제자 예시 답안

→ ① 섬유 탈취제(페브리즈)를 뿌린다.
② 옷을 털고, 베란다나 창가에 오랫동안 걸어둔다.
③ 물을 뿌린 후, 드라이기로 말린다.
④ 스팀다리미로 옷을 다린다.
⑤ 욕실에서 따뜻한 물로 샤워하고 난 후, 욕실의 문을 닫고 걸어둔다.

→ 해설 : ① 섬유 탈취제는 고기의 냄새보다 더 강한 향을 내면서 원래의 고기 냄새가 나지 않도록 할 수 있다. 또한, 탈취제의 주성분이 냄새를 내는 분자를 감싼 뒤 증발하면서 제거한다.
② 베란다나 창가에 오랫동안 걸어두면 바람에 의해 냄새를 내는 분자들이 날아간다.
③ 물을 뿌리면 냄새를 내는 분자들과 옷 섬유 사이의 인력이 쉽게 끊어지고, 이때 드라이기로 바람을 쐬어주면 냄새를 내는 분자들이 쉽게 날아간다.
④, ⑤ 많은 물방울이 수증기로 증발되면서 수증기가 냄새를 내는 분자와 붙어 공기 중으로 날아간다.

문 44
P. 101

문항 분석 및 평가표

→ 문항 분석 : 고리 자석의 극은 윗면과 아랫면에 있고, 막대 자석을 사용하여 찾을 수 있습니다. 고리 자석을 바닥에 놓고 윗면에 막대 자석의 N 극을 가까이 가져갔을 때 달라 붙으면 S 극, 밀어내면 N 극입니다. (융통성, 정교성)

→ 평가표 :

(1) 번 답을 맞게 쓴 경우	2 점
(2) 번 극을 표시하고, 자기력선을 맞게 그린 경우	3 점
총합계	5 점

정답 및 해설

→ 정답: (1) 고리 자석이 서로 같은 극끼리 마주 보게 쌓는다.

(2) ①

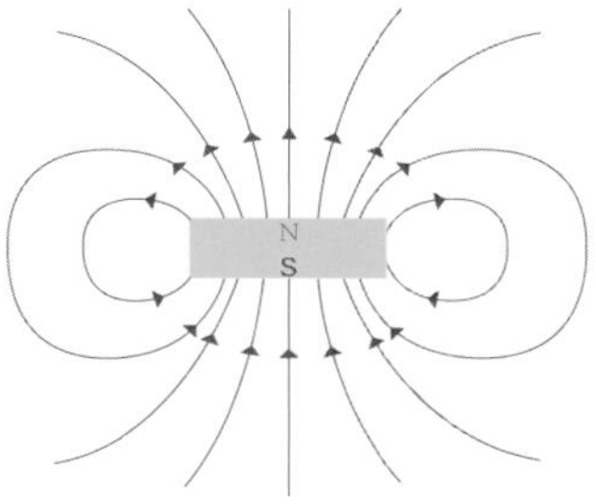

②

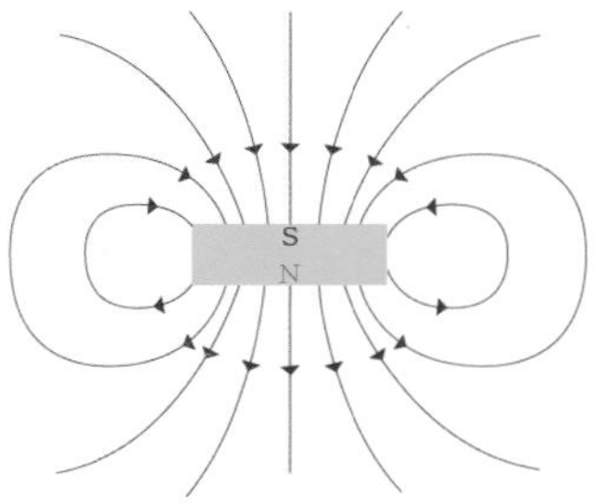

→ 해설 : (1) 고리 자석은 윗면과 아랫면에 극이 있으므로 같은 극끼리 마주 보게 쌓으면 서로 밀어내는 척력이 작용하여 가장 높은 탑이 된다.

(2) 자기력선은 자석의 극 사이에 작용하는 힘을 선으로 나타낸 것이다. 자기력선은 끊기거나 겹치지 않고, N 극에서 나와 S 극으로 들어가는 곡선 형태를 띠고 있다.

문 45
P. 102

문항 분석 및 평가표

→ 문항 분석 : 해설 참조. (융통성, 독창성)

→ 평가표 :

적절한 방법만 쓴 경우	2 점
적절한 방법을 쓰고, 그 이유를 설명한 경우	5 점

출제자 예시 답안

→ 물에 젖은 책을 수건이나 휴지로 꾹꾹 눌러서 어느 정도 물기를 제거한 후에, 책 사이사이에 신문지를 끼워 넣고, 냉동실에 하루 정도 넣어 둔다.

이유 : 물에 젖은 종이는 섬유질들의 배열이 흐트러져서 서로 가까이 엉켜있는데, 스며든 물이 얼면서 부피가 팽창하면 좁아진 섬유질들의 틈을 늘려주어 종이가 다시 원래의 배열과 가까워진다. 이때 냉동실에서 꺼낸 후 얼음이 녹으면서 물이 나올 수 있으므로 사이사이에 신문지나 흰 종이를 껴서 넣어두면 된다.

→ 해설 : 물을 제외한 대부분의 물질은 액체에서 고체로 상태 변화할 때, 분자 사이의 거리가 가까워지므로 부피가 감소한다. 하지만 물은 얼 때, 분자 사이에 인력이 증가하여 빈 공간이 많은 구조를 가지므로 부피가 증가한다.

문 46
P.103

문항 분석 및 평가표

→ 문항 분석 : 해설 참조. (융통성)

→ 평가표 :

(1) 번 답을 맞게 쓴 경우	3 점
(2) 번 이유를 맞게 설명한 경우	2 점
총합계	5 점

정답 및 해설

→ 정답: (1) 사람이 들을 수 있는 소리는 20 ~ 20,000 Hz 의 진동수를 가진다. 곤충의 날갯짓이 주변의 공기를 진동시키는데, 그 진동수가 모두 사람이 들을 수 있는 소리의 진동수 범위 내에 있으므로 사람의 귀에 들린다.

(2) 표를 보면, 파리보다 모기가 1 초 동안 진동하는 날갯짓 수가 많다. 소리는 진동수가 클수록 더 높은 소리가 들리므로 조용한 밤에 파리와 모기가 귓가를 지나간다면 모기가 더 높은 소리를 내면서 지나가기 때문이다.

→ 해설 : (1) 물체가 떨리거나 흔들리면서 발생하는 공기의 진동이 사람이 들을 수 있는 소리의 진동수 범위 내에 있으면 소리를 들을 수 있다.

(2) 소리의 높낮이는 진동하는 물체가 1 초 동안 진동하는 횟수에 의해 결정된다. 1 초 동안 진동하는 횟수가 많으면 높은 소리가 나고, 1 초 동안 진동하는 횟수가 적으면 낮은 소리가 난다.

문 47
P.104

문항 분석 및 평가표

→ 문항 분석 : 여러 가지 물질로 이루어진 물체는 각 부분의 기능에 맞는 적절한 물질로 만들어졌습니다. 책상은 상판이 가벼운 나무로, 몸체는 단단한 금속으로, 받침은 매끈하고 부드러운 플라스틱으로 되어 있어서 미끄러지거나 책상을 끌 때 바닥이 긁히는 것을 줄일 수 있습니다. 책상 외에 여러 가지 물질로 이루어진 물체를 찾아봅시다. (유창성, 정교성)

→ 평가표 :

(1) 채점 기준

1 가지 쓴 경우	1 점
2 가지 이상 쓴 경우	2 점

(2) 채점 기준

그릇을 선택하고, 이유를 타당하게 설명한 경우	3 점

(1) + (2) 총합계	5 점

출제자 예시 답안

→ (1) 책상, 의자, 서랍, 선반, 문

(2) 예시 답안)

① 나무, 나무에는 무늬가 있으므로 나무로 만든 그릇처럼 예쁜 그릇에 담아가면 기분이 좋을 것 같다.

② 금속, 캠핑을 하는 동안 떨어뜨려도 깨지거나 망가지지 않을 정도로 단단하므로 편하게 들고 다닐 수 있다.

③ 플라스틱, 플라스틱 그릇은 다양한 크기의 그릇이 많아서 가져갈 김치의 양에 맞는 그릇을 고를 수 있고 들고 다니기에도 가볍다.

→ 해설 : (1) ㉠ 은 나무, 금속, 플라스틱 모두로 되어 있는 물체이다.

(2) 나무 : 고유한 향과 무늬가 있고 만지면 부드럽다. 금속보다 가볍다.

금속 : 다른 물질보다 단단하며 광택이 있다.

플라스틱 : 다양한 모양의 물체를 만들 수 있고 가벼우며 금속 다음으로 단단하다. 매끄럽고 부드럽다.

문 48
P. 105

문항 분석 및 평가표

—> 문항 분석 : 어떤 물질이 물에 녹는다는 것은 물에 넣은 물질과 물이 균일하게 섞여 있는 상태를 말합니다. 소금을 물에 넣고 섞으면 소금과 물은 균일하게 섞인 상태로 존재하므로 소금이 물에 녹았다고 말할 수 있습니다. 하지만 흙을 물에 넣었을 때는 흙과 물이 균일하게 섞이지 않고 흙이 바닥에 가라앉습니다. 이와 같은 경우에는 단순히 섞여 있을 뿐 흙이 물에 녹았다고 말하지 않습니다. (융통성, 정교성)

—> 평가표 :

(1) 번 답이 맞는 경우	2 점
(2) 번 변화를 맞게 쓴 경우	3 점
총합계	5 점

정답 및 해설

—> 정답: (1) ①, ③, ④
(2) 처음에 넣어주는 소금은 어느 정도 녹다가 더 이상 소금이 녹지 않는다.

—> 해설 : (1) ①, ③, ④ 소금과 코코아는 물에 녹는다. 소금이 녹은 물은 투명하고, 코코아가 녹은 물은 코코아 가루의 색을 띠게 되므로 불투명하다. 그러므로 물에 코코아를 녹인 비커 뒤에 작은 비커를 놓으면 보이지 않는다. 미숫가루는 물에 녹지 않으므로 가만히 놓아두면 바닥에 미숫가루가 가라앉으면서 윗물은 점점 맑아진다.
오답 해설) ② 소금은 물과 균일하게 섞이면서 녹기 때문에 어느 부분이나 진하기가 같으므로 맛도 같다.
⑤ 미숫가루는 물에 녹지 않으므로 젓지 않고 가만히 놓아두면 미숫가루가 바닥에 가라앉는다.

(2) 소금이 물에 녹을 때는 소금과 물이 균일하게 섞이면서 녹게 된다. 그러므로 일정한 양의 물에 녹을 수 있는 소금의 양은 정해져 있다.

문 49
P. 106

문항 분석 및 평가표

—> 문항 분석 : 해설 참조. (융통성, 정교성)

—> 평가표 :

(1) 번 답을 맞게 쓴 경우	3 점
(2) 번 지형을 1 가지 이상 쓴 경우	2 점
총합계	5 점

정답 및 해설

—> 정답: (1) 바다의 거센 파도로 인해 바다 쪽으로 돌출된 부분이 침식 작용이 활발하게 일어나면서 코끼리 코 모양으로 깎인 것(해식 절벽)이기 때문이다.
(2) 해식 동굴, 해식 대지

—> 해설 : 해수의 침식 작용과 퇴적 작용으로 바다 주변의 지형에 변화가 생긴다. 곶은 육지가 바다 쪽으로 나온 곳으로 해수에 의한 침식 작용이 활발하다. 만은 바다가 육지 쪽으로 들어간 곳으로 해수에 의한 퇴적 작용이 활발하다. 침식과 퇴적 작용으로 해안선은 점점 단조로워진다.

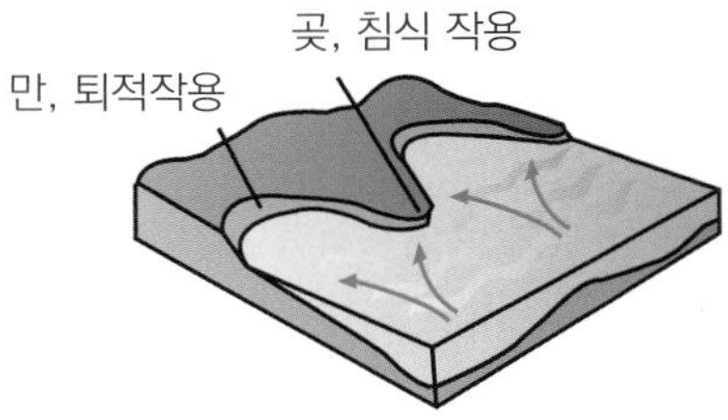

해수의 침식 작용에 의한 지형에는 해식 절벽, 해식 동굴, 해식 대지가 있다. 해식 대지는 해수면 밑에 있는 해식 절벽 아래에 만들어진 편평한 대지를 말한다. 시간이 지날수록 해식 대지는 점점 수면 위로 노출된다.

▲ 해식 대지

▲ 해식 동굴

▲ 해식 절벽

퇴적 작용에 의한 지형에는 퇴적 대지, 해빈이 있다. 퇴적 대지와 해빈은 침식에 의해 깎인 물질들이 쌓인 것이다.

▲ 퇴적 대지

▲ 해빈

문 50

P. 107

문항 분석 및 평가표

⟶ 문항 분석 : 1) 돌고래는 허파 호흡을 하는 바다에 사는 포유류이고, 상어는 아가미 호흡을 하는 어류입니다. 돌고래와 상어는 다른 종류의 동물이지만 물속에서 생활하기 위해 공통적인 생김새를 가지고 있습니다.

2) 개구리는 양서류, 악어는 파충류, 하마는 포유류입니다. 이들은 모두 물속에서 주로 생활하지만 허파 호흡을 하기 때문에 공통적인 생김새를 가지고 있습니다. (융통성)

⟶ 평가표 :

(1) 채점 기준

1 가지 쓴 경우	1 점
3 가지 이상 쓴 경우	2 점

(2) 채점 기준

이유를 맞게 설명한 경우	3 점

(1) + (2) 총합계	5 점

정답 및 해설

⟶ 정답: (1) ① 몸이 유선형이다. ② 몸집이 크다.
③ 지느러미가 있다. ④ 비늘이 없다.
⑤ 몸의 표면이 매끄럽다. ⑥ 물속에서 생활한다.

(2) 물속에서 숨을 쉬지 못하기 때문이다. 물에 있을 때 몸을 물에 담가도 눈과 콧구멍을 동시에 물 밖으로 내놓을 수 있으므로 공기 중에서 숨을 쉴 수 있다. 또한, 몸 대부분을 숨기고 사냥감을 볼 수 있어 먹이 사냥을 쉽게 할 수 있다.

점수에 따른 성취도 등급

등급	1등급	2등급	3등급	4등급	5등급	총점
평가	204 점 이상	154 점 이상~ 203 점 이하	104 점 이상 ~ 153 점 이하	54 점 이상~ 103 점 이하	53 점 이하	254 점
성취도	영재성을 나타내는 성적으로영재교육원 합격권입니다.	상위권 성적으로 영재교육원 합격권입니다.	우수한 성적으로 약간만 노력하면 영재교육원에 갈 수 있습니다.	올해 영재교육원에 가길 원한다면 열심히 노력해야 합니다.	내년 목표로 꾸준하게 영재교육원 대비를 해야 합니다.	

총 20 문제입니다. 문제 배점은 각 문항별 평가표를 참고하면 됩니다. / 단원 말미에서 성취도 등급을 확인하세요.

문 01 P.110

문항 분석 및 평가표

⟶ 문항 분석 : 1) 평면 거울에 비친 물체는 좌우가 바뀌어 보이므로 T 퍼즐의 각 조각이 그려진 티셔츠를 입고 평면 거울을 본다면 각 모양의 좌우가 바뀌어 보일 것입니다.

2) T 퍼즐을 이용하여 어떤 모양을 생각해낼 때, 각각의 조각들을 여러 방향으로 회전시켜 다양한 모양을 관찰해 보는 것이 도움됩니다.

⟶ **평가표 :** (1) 채점 기준

1 ~ 2 개만 맞게 그린 경우	3 점
3 개만 맞게 그린 경우	4 점
4 개 모두 맞게 그린 경우	5 점

(2) 채점 기준

답을 맞게 그린 경우	5 점
(1) + (2) 총합계	10 점

출제자 예시 답안

⟶ (1)

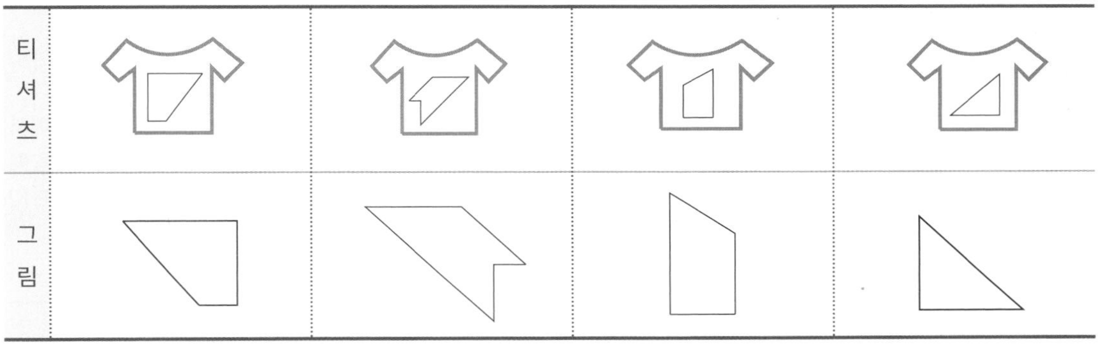

(2)

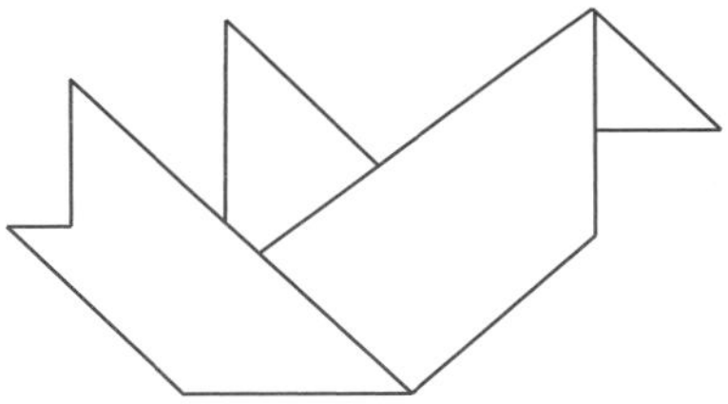

문 02 P.112

문항 분석 및 평가표

⟶ 문항 분석 : 인체에 대한 독성이 강한 폼알데하이드는 상온에서 무색의 기체 상태로 존재하면서 특유의 자극적인 냄새를 풍기는 물질입니다. 폼알데하이드는 물에 잘 녹는 구조를 가지고 있습니다. 기체의 성질과 물에 녹는 성질을 이용하여 새집이나 새 가구로부터 폼알데하이드를 없앨 수 있는 방법을 떠올려 봅시다.

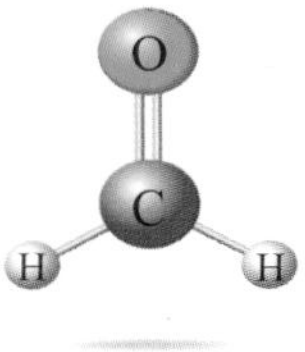

→ **평가표 :** (1) 채점 기준

답을 맞게 쓴 경우	3 점

(2) 채점 기준

적절한 방법을 1 가지 제시한 경우	4 점
적절한 방법을 2 가지 이상 제시한 경우	5 점
(1) + (2) 총합계	8 점

정답 및 해설

→ 정답 :(1) 비닐장갑 속 부피가 증가하여 비닐장갑이 부풀어 오른다.

(2) 예시 답안)

① 새집에 가구를 들여놓기 전이라면 물을 뿌려서 폼알데하이드를 제거한다.

② 새 가구를 들여놓거나 가구가 들어온 새집이라면 효과적인 환기 방법으로 폼알데하이드를 제거한다. 환기하는 방법은 다음과 같다. 가구나 수납장 등의 물과 서랍을 모두 열어둔다. → 외부로 통하는 창이나 문은 모두 닫는다. → 집 안의 온도가 30˚C 정도가 유지되도록 난방기를 오랫동안 틀어 놓는다. → 문을 한꺼번에 열고 환기시킨다.

③ 한동안 선풍기를 틀고 환기를 자주 시켜준다.

→ 해설 : (1) 기체 분자는 일정한 압력에서 온도가 높을수록 분자 운동이 더 활발해지므로 부피가 증가한다. 따라서 따뜻한 물에서 비닐장갑 속 공기 분자들의 부피는 증가하므로 비닐 장갑은 부풀어 오른다.

(2) ① 폼알데하이드는 물에 잘 녹는 구조를 가진다.

② 외부로 통하는 창이나 문을 모두 닫고, 집 안의 온도를 높여 폼알데하이드 기체 분자의 운동이 매우 활발해졌을 때 창이나 문을 열면 밖으로 내보낼 수 있다.

③ 선풍기를 틀고 환기를 자주 시켜주면 폼알데하이드 기체 분자를 서서히 밖으로 내보낼 수 있다.

문 03
P. 113

문항 분석 및 평가표

→ **문항 분석 :** 주변의 수많은 소리의 파동이 서로 중첩되어 불규칙한 소리가 우리 귀로 계속해서 들어오면 소음으로 들립니다. 고속도로 옆 아파트 주민들은 고속도로를 빨리 달리는 자동차들의 소음 때문에 환기조차 제대로 시킬 수 없다고 불편함을 이야기합니다. 고속도로의 소음을 막기 위해 설치하고 있는 투명 방음벽은 고속도로 쪽으로 소리를 반사시켜 주변으로는 소음이 나가지 않게 합니다.

→ **평가표 :** (1) 채점 기준

답을 맞게 쓴 경우	3 점

(2) 채점 기준

적절한 방법을 1 가지 제시한 경우	4 점
적절한 방법을 2 가지 이상 제시한 경우	5 점
(1) + (2) 총합계	8 점

출제자 예시 답안

→ (1) 고속 도로의 소리를 반사시켜 소음을 줄인다.

(2) 예시 답안)

① 방음벽에 천적인 맹금류 스티커를 붙인다.

② 방음벽을 20˚ ~ 40˚ 각도로 비스듬하게 설치한다. 직각으로 설치하는 것보다 땅의 모습이 많이 비춰지기 때문에 충돌수를 줄일 수 있다.

③ 방음벽에 5 × 10 규칙을 이용한 무늬를 넣는다. 5 × 10 규칙은 조류가 일반적으로 5 cm 보다 낮고, 10 cm 보다 폭이 좁은 공간은 통과하려고 하지 않는다는 습성을 말한다.

④ 방음벽에 새들이 감지할 수 있는 자외선을 반사하는 불투명 테이프를 붙인다.

▲ 5 × 10 규칙을 이용한 무늬

▲ 자외선을 반사하는 테이프

문 04
P.114

문항 분석 및 평가표

⟶ 문항 분석 : 해설 참조.

⟶ 평가표 :

(1) 채점 기준

답이 맞는 경우	4 점
(1) + (2) 총합계	10 점

(2) 채점 기준

1 가지 쓴 경우	4 점
2 가지 쓴 경우	5 점
3 가지 이상 쓴 경우	6 점

정답 및 해설

⟶ 정답 : (1) ㄱ, ㄷ, ㄹ, ㄴ

(2) ① 빙하 생성 당시의 대기 성분
② 기후 변화
③ 화산 활동 시기
④ 빙하의 생성 시기
⑤ 계절 변화
⑥ 과거의 동식물

⟶ 해설 : (1) 눈이 오랫동안 쌓여 단단하게 굳어진 후 중력에 의해 낮은 곳으로 이동하는 두꺼운 얼음 덩어리를 빙하라고 한다. 빙하는 눈이 계속해서 쌓이면서 결정 사이에 공기의 출입이 반복되다가 아래쪽에 있는 눈부터 압력을 크게 받아 엉겨 붙으면서 얼음이 형성된다. 이때 공기도 함께 갇히게 된다. 그리고 이러한 얼음 덩어리가 중력에 의해 낮은 곳으로 이동하는 과정을 반복하면서 빙하의 두께가 점점 증가한다.

(2) 빙하 시추를 통해 빙하에서 뽑아낸 얼음 기둥인 빙하 코어를 분석하면 다음과 같은 것을 알 수 있다.

①, ② 빙하가 생성될 때 빠져나가지 못한 공기가 빙하 코어에 남아있으므로 분석하여 당시의 대기 성분을 알 수 있다. 빙하 코어에 남아 있는 이산화 탄소의 농도를 분석하여 현재 이산화 탄소의 농도와 비교하면 지구의 기온이 어떻게 변화했는지 알 수 있다.

③ 빙하 속에 포함된 화산재를 분석하면 화산 활동이 있었던 시기를 알 수 있다.

④, ⑤ 여름에 조금 녹았던 눈이 겨울에 다시 얼면서 빙하에 줄무늬가 생기기 때문에 빙하 코어에 나타나는 줄무늬를 분석하면 계절 변화와 빙하의 생성 시기를 알 수 있다.

⑥ 빙하 코어 속에 포함된 꽃가루나 물질을 분석하면 당시에 번성했던 동식물을 알 수 있다

문 05
P.116

문항 분석 및 평가표

⟶ 문항 분석 : 모래 수렁은 지하수가 위로 솟구치면서 근처 모래에 스며들어 만들어집니다. 모래에 물이 스며들면 모래 알들의 마찰력이 줄어들어 서로 미끄러집니다. 그래서 사람이 모래 수렁에 빠지면 모래는 사람의 몸무게를 지탱하지 못하므로 밑에서 무언가가 자신을 끌어당기는 듯이 발이 갑자기 땅속으로 쑥 빠지게 됩니다. 모래 수렁에서는 승용차 한 대를 끌어올리는 힘을 주어야 1 cm 빠져나올 수 있습니다.

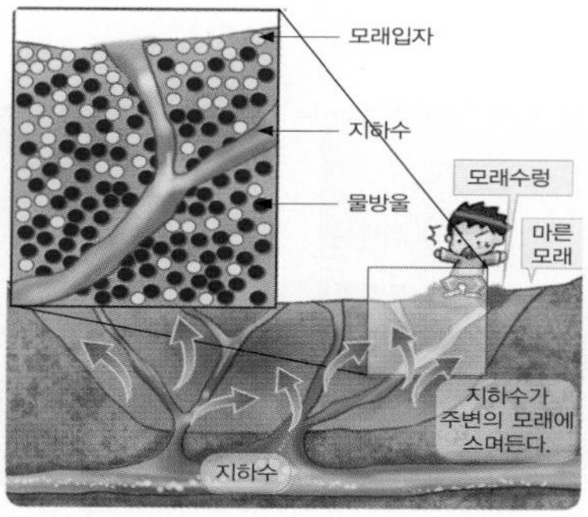

⟶ **평가표 :**

(1) 이유를 맞게 쓴 경우	3 점
(2) 방법을 맞게 쓴 경우	4 점
총 합계	7 점

정답 및 해설

⟶ **정답 :** (1) 모래 수렁은 모래알들 사이의 마찰력이 작기 때문에 허우적거릴수록 가만히 있을 때보다 모래 수렁에 더 큰 압력이 가해지므로 많이 빠지게 된다.

(2) 몸을 뒤로 눕힌 상태로 가만히 있는다.

⟶ **해설 :** (2) 사람 몸의 70 % 는 물로 되어 있으므로 사람의 밀도는 물의 밀도와 비슷하다. 모래의 밀도는 물보다 크므로 사람이 몸을 뒤로 눕힌 상태로 가만히 있으면 모래 위로 떠오를 수 있다.

문 06

P. 117

문항 분석 및 평가표

⟶ **문항 분석 :** 수경 재배는 흙을 사용하지 않고, 식물이 크는 데 필요한 물과 양분이 들어 있는 배양액으로 식물을 재배합니다. 여러 가지 영양분을 물에 녹여 식물에 공급하는 방법으로 영양분이 든 배양액에 식물 뿌리를 띄워서 재배하는 것입니다. 수경 재배로 키울 수 있는 식물로는 수염뿌리를 가진 튤립, 수선화, 토란, 고구마, 양파 등이 있습니다. 수경 재배를 하면 물과 영양분을 필요한 양만큼 공급하여 식물의 생장을 효율적으로 도울 수 있으므로 일반 토지에서 식물을 재배할 때보다 생산량을 수십 배 증가시킬 수 있고, 집에서도 할 수 있는 쉬운 방법입니다.

⟶ **평가표 :** (1) 채점 기준

적절한 방법을 쓴 경우	4 점

(2) 채점 기준

나무 그늘 또는 큰 다리 밑의 그늘 중 1 가지에 대해서만 맞게 설명한 경우	2 점
모두 맞게 설명한 경우	3 점
(1) + (2) 총합계	7 점

정답 및 해설

⟶ **정답 :** (1) 옥상이 침수되지 않게 방수를 한 후, 여러 개의 큰 수조에 물과 양분이 들어 있는 배양액을 넣어 식물을 수경재배한다.

(2) 나무 밑의 그늘은 나무가 광합성을 하기 위해 햇빛을 흡수하기 때문에 시원하다.
큰 다리 밑의 그늘은 다리가 햇빛을 차단하고, 주변 공간이 열려있어 바람이 잘 분다. 다리 밑에 강이나 하천이 있다면 물이 증발하면서 열을 흡수하고, 바람이 불어 물의 증발이 많이 일어나므로 더욱 시원하다.

문 07

P. 118

문항 분석 및 평가표

⟶ **문항 분석 :** 해설 참조.

→ **평가표** : (1) 채점 기준

답을 맞게 쓴 경우	3 점

(2) 채점 기준

답이 맞는 경우	3 점

(3) 채점 기준

바늘구멍 사진기의 원리를 이용하여 그린 그림이 더 정밀하게 (똑같이) 그려질 것이라고 차이만 쓴 경우	3 점
차이를 맞게 쓰고, 바늘구멍 사진기의 원리를 설명하면서 이유를 적절하게 쓴 경우	4 점

(1) + (2) + (3) 총합계	10 점

정답 및 해설

→ **정답 : (1) 태양은 아주 멀리 있기 때문에 지구에 도달하는 태양 빛은 거의 퍼지지 않고 평행하게 나아간다. 따라서 물체가 태양 쪽으로 가까이 있거나 멀리 있어도 지구에서 물체의 그림자 크기는 변하지 않는다.**

(2) ②

(3) 바늘구멍 사진기의 원리를 이용하여 그린 초상화가 실물만을 보고 그린 초상화보다 더 정밀하게 그려질 것이다. 바늘 구멍 사진기를 통해 사람의 얼굴에서 나온 빛이 곧게 나아가다가 작은 구멍을 통과하여 사진기의 스크린에 작고 상하좌우가 바뀐 상을 맺는다. 이때 화가들은 스크린 쪽에 종이를 대고 종이에 맺힌 상을 그대로 따라 그려서 밑그림을 완성하기 때문에 더 정밀한 그림이 그려진다.

→ **해설** : (1) 손전등에 의한 그림자 크기 변화는 스크린 – 물체 – 손전등의 위치 변화에 따라 달라진다. 손전등의 빛은 점점 퍼지면서 곧게 나아가므로 손전등과 스크린 사이의 거리가 일정할 때, 물체를 손전등에 가까이하면 더 많은 양의 빛이 물체 뒤쪽에 도달하지 못하여 그림자의 크기가 커지고, 멀리하면 적은 양의 빛이 물체 뒤쪽에 도달하지 못하므로 그림자의 크기가 작아진다.

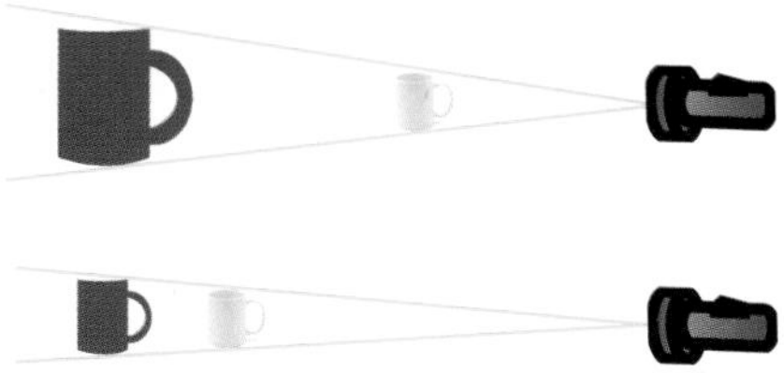

하지만 태양은 아주 멀리 있기 때문에 지구에 도달하는 태양 빛은 거의 퍼지지 않고 평행하게 나아간다. 따라서 태양 빛에서는 물체의 거리가 달라져도 같은 양의 빛이 물체 뒤쪽에 도달하지 못하므로 그림자의 크기는 변하지 않는다.

(2) 바늘구멍 사진기를 통해 물체를 보면 물체의 상하좌우가 바뀌어 보인다. 물체에서 나온 빛이 곧게 나아가다가 사진기의 작은 구멍을 통과하여 스크린에 상을 맺기 때문이다. 따라서 정답은 ② 번이다.

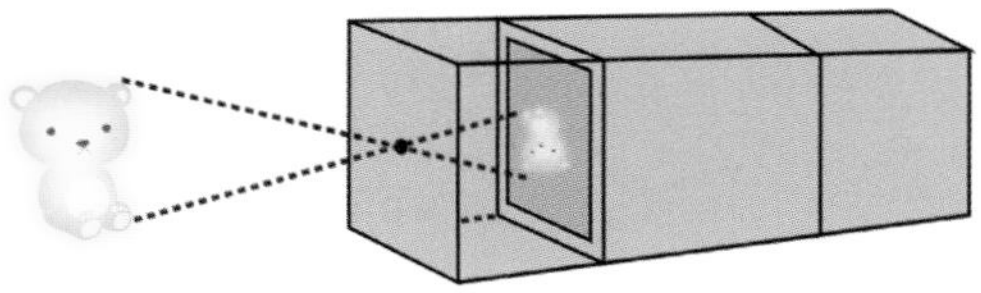

(3) 서양의 화가들은 15 세기부터 바늘구멍 사진기와 똑같은 방을 만들어 그 안에서 그림을 그렸다. 방 안쪽에 검은색 시트지를 붙여 어둡게 만들고 창문의 시트지에 작은 구멍을 뚫어 이 구멍으로만 빛이 들어오게 하였다. 그리고 그 앞에 큰 종이를 두고 종이에 비치는 상을 따라 밑그림을 완성했다.

문 08
P. 120

문항 분석 및 평가표

⟶ 문항 분석 : 해설 참조.

⟶ 평가표 :

(1) 채점 기준

적절한 이유를 1 가지 이상 쓴 경우	2 점

(2) 채점 기준

방법을 1 가지 이상 쓴 경우	3 점

(3) 채점 기준

그래프만 맞게 그린 경우	4 점
그래프를 맞게 그리고 , 이유를 맞게 설명한 경우	5 점
(1) + (2) + (3) 총합계	10 점

정답 및 해설

⟶ 정답 : (1) ① 실내 물놀이장(워터파크)이 많이 생겼다.
② 물놀이 대신 산으로 캠핑을 가는 사람의 수가 증가했다.
③ 해수욕장의 물이 쓰레기 때문에 더럽다.
④ 해수욕장의 이용 시설이나 주변의 숙박 요금이 너무 비싸다.
⑤ 해수욕장 주변 가게의 불친절한 서비스가 많아졌다.
⑥ 날씨가 너무 더우면 해수욕장의 모래가 뜨겁고, 물에서 나왔을 때는 더 습하고 찝찝함을 느낀다.
⑦ 해수욕장에서 물놀이를 하지 않고 모래사장에서 술을 많이 마시거나 사람들에게 방해될 정도로 시끄럽게 노는 사람들이 많다.

(2) ① 강원도 동해안으로 오는 기차표나 버스표의 수를 확인한다.
② 동해안 주변의 펜션이나 호텔을 이용하는 사람의 수를 확인한다.
③ 동해안 해수욕장의 샤워장을 이용한 사람의 수를 확인한다.
④ 각 해수욕장에서 조사한 피서객 수를 합해 통계를 낸다.
⑤ 일정 면적의 사람 수를 센 뒤, 전체 면적을 곱해 피서객 수를 알아내는 페르미 추정법을 이용한다. 시간대별로 사람 수가 다를 수 있으므로 낮에 3 ~ 4 번 측정하여 평균을 낸다.
⑥ 휴대폰 빅데이터를 이용한다. 해수욕장의 50 m × 50 m 면적을 기준으로 각각의 공간에 미치는 이동통신 기지국 신호 세기를 측정하여 범위 내에 있는 휴대폰 숫자를 측정하는 방법이다.

(3) 시간에 따른 피서객 수의 변화를 더 쉽게 파악하고, 조사하지 않은 값을 예상하기 위해서는 막대 그래프보다 꺾은선 그래프로 그리는 것이 적절하다.

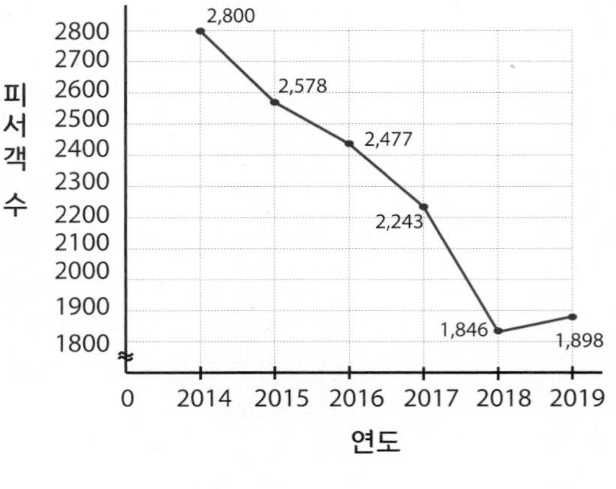

⟶ 해설 : (3) 시간에 따라 연속적으로 변화하는 모양을 나타내는 데 편리하고, 조사하지 않은 값을 예상할 수 있는 그래프는 꺾은선 그래프이고, 각각의 크기를 비교할 때 편리한 그래프는 막대 그래프이다. 기사에 2014 년부터 2019 년도까지 시간에 따라 변화하는 피서객 수에 대한 정

보가 있으므로 가로축에 연도를, 세로축에 피서객 수를 넣고 꺾은선 그래프를 그리는 것이 적절하다.

꺾은선 그래프를 그리는 방법은 다음과 같다.
① 가로와 세로 눈금에 나타낼 것을 정한다.
② 세로 눈금 한 칸의 크기를 정한다.
③ 알고 있는 정보에 맞게 가로, 세로의 눈금의 만나는 자리에 점을 찍는다.
④ 각 점을 선분으로 잇는다.

문 09
P. 122

문항 분석 및 평가표

→ 문항 분석 : 우리가 불투명한 물체를 특정 색으로 보는 이유는 다른 빛은 모두 흡수하고 특정한 빛만 반사하기 때문입니다. 물체가 모든 빛을 흡수하면 검은색으로 보이고, 모든 빛을 반사하면 흰색으로 보입니다.

→ 평가표 : (1) 채점 기준

과학적인 이유를 맞게 설명한 경우	6 점
(1) + (2) 총합계	12 점

(2) 채점 기준

답만 맞게 쓴 경우	4 점
답과 이유를 모두 맞게 쓴 경우	6 점

정답 및 해설

→ 정답 : (1) 화학 물질에 의해 우리가 보는 가시광선까지 얼굴이나 피부에서 모두 반사되기 때문에 우리가 볼 때 얼굴이나 피부가 하얗게 보인다.

(2) PA 의 값이 더 큰 자외선 차단제를 발라야 한다. 파장이 짧은 자외선 B 는 창문에 의해 다시 대기 중으로 반사되므로 창문을 통해 들어오기 어렵다. 하지만 파장이 긴 자외선 A 는 창문을 통해 실내로 들어와 우리 피부를 손상시킬 수 있으므로 자외선 A 를 차단하는 PA 가 높아야 한다.

문 10
P. 124

문항 분석 및 평가표

→ 문항 분석 : 질소는 −196 ˚C 이하에서만 액체 상태로 존재할 수 있기 때문에 우리가 생활하는 25 ˚C 에서는 빠르게 주변의 열을 흡수하여 기체로 상태가 변합니다. 그러므로 액체 질소는 물체를 급냉동 시키거나 빠르게 온도를 낮출 때 사용할 수 있습니다. 한때 액체 질소를 이용하여 만든 아이스크림이 인기를 끈 적이 있었습니다. 액체 질소를 이용하여 만든 아이스크림은 빠르게 얼기 때문에 얼음 결정이 커지지 않아 딱딱한 얼음의 맛이 많이 느껴지지 않고, 아이스크림 재료의 맛을 더 잘 느낄 수 있습니다.

→ 평가표 : (1) 채점 기준

현상을 맞게 1 가지 쓴 경우	4 점
현상을 맞게 2 가지 이상 쓴 경우	5 점
(1) + (2) 총합계	10 점

(2) 채점 기준

1 개 쓴 경우	3 점
2 개 쓴 경우	4 점
3 개 이상 쓴 경우	5 점

정답 및 해설

→ 정답 : (1) ① 얼음물이 담긴 컵 표면에 물방울이 맺힌다.
② 목욕을 한 후에 화장실 거울이 뿌옇게 흐려진다.
③ 추운 날 유리창 안쪽이 뿌옇게 흐려진다.
④ 끓고 있는 주전자의 물이 나오는 부분 주위에 김이 생긴다.
⑤ 새벽에 풀잎에 물방울이 맺힌다.

(2) 예시 답안)

① 물고기를 잡자마자 급냉동시켜서 신선한 상태로 보관하는 데 사용한다.

② 화재 현장에서 구조 작업을 할 때 주변의 온도를 낮추는 데 사용한다.

③ 눈 조각가들이 완성된 조각품을 급냉동시켜 눈 조각품을 오래 유지시키는데 사용한다.

④ 과일 주스 등을 얼려 먹을 때 사용한다. 과일 주스를 급냉동시키므로 얼리기 전의 과일 주스 맛이 그대로 느껴지고 슈퍼에서 파는 아이스크림보다 더 부드럽다.

⑤ 티눈이나 사마귀와 같은 피부병을 치료하는 데 사용한다. 티눈이나 사마귀를 급냉동시켜 세포를 파괴하여 치료한다.

⟶ 해설 : (1) 수조에서 −196 ° C 이하의 온도인 액체 질소는 빠르게 기체로 상태가 변하면서 주변의 열을 흡수한다. 따라서 수조 주변에 있던 수증기가 열을 빼앗겨 물방울로 상태 변화하면서 수조 주변에 물방울들이 생긴다. 기체 상태의 수증기가 차가운 물체에 닿거나 온도가 내려가면 액체 상태의 물(물방울)로 상태 변화하는 것을 수증기의 응결이라고 한다. 따라서 응결 현상이 답이 된다.

문 11
P. 126

문항 분석 및 평가표

⟶ 문항 분석 : 해설참조.

⟶ 평가표 : (1) 채점 기준

그림만 맞게 그려 놓은 경우	2 점
그림을 맞게 그리고 이유를 구체적으로 설명한 경우	5 점

(2) 채점 기준

낮과 밤이 약 15 일 간격으로 반복된다고 쓴 경우	4 점

(3) 채점 기준

이유를 적절하게 설명한 경우	3 점

(1) + (2) + (3) 총합계	12 점

정답 및 해설

⟶ 정답 : (1) 달의 자전 주기는 27.3 일로 달의 공전 주기(항성월)와 같으므로 지구에서는 달의 한쪽 면만을 관측할 수 있다.

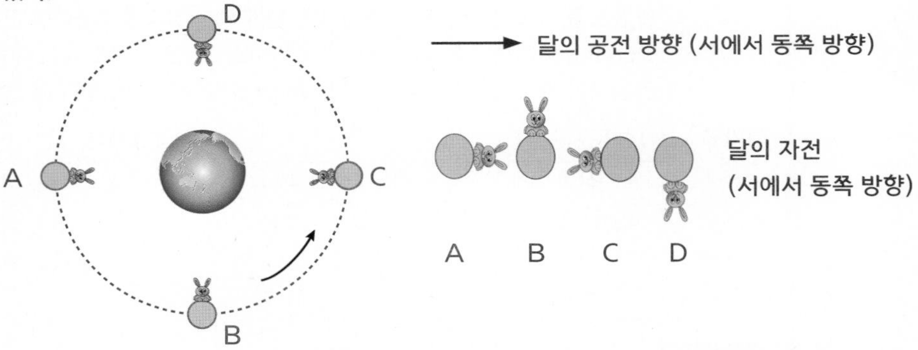

위의 그림과 같이 지구에서 달을 볼 때는 달에서 토끼가 있는 부분만 보인다. 달이 A 방향에서 B 방향으로 90 ° 이동했다면 공전 주기와 자전 주기가 같으므로 달은 똑같이 스스로 90 ° 를 돌아야 한다. 이렇게 한 바퀴를 도는 모습을 보면 달에서 토끼가 있는 쪽이 항상 지구를 향해있으므로 지구에서는 항상 달의 같은 표면 무늬만 볼 수 있다.

(2) 달의 뒷면에서는 낮과 밤이 약 15 일 간격으로 반복된다.

(3) ① 달의 뒷면에는 달의 밝은 부분인 고지가 많은데 달의 고지는 험준한 지형이며 운석 구덩이가 많다. 달은 지구 주위를 공전하므로 지구를 향하고 있는 앞쪽 면은 지구에 가려져서 운석이 도달하기 어렵지만, 뒤쪽 면은 운석을 막아주지 못하므로 운석 구덩이가 많은 험준한 지형이 대부분 분포하고 있다.

② 달의 앞면에는 달의 어두운 부분인 바다가 많은데 달의 바다는 분출된 마그마가 식으면서 생성된 현무암질 암석으로 평탄한 지역이다. 지구를 향하고 있는 앞쪽 면은 지구에 가려져 운석이 도달하기 어려우므로 이러한 평탄한 지역이 그대로 보존되어 있다. 하지만 뒤쪽 면은 운석을 막아주지 못하므로 운석 충돌로 인해 험준한 지형이 많다.

⟶ 해설 : (2) 지구 주위를 공전하는 달의 공전 주기는 29.5 일이다. 오른쪽 그림과 같이 사람이 서 있는 쪽의 면이 달의 뒷면이고 지구를 향하지 않는 쪽이다. 달이 처음에 A 위치에 있었다면 사람이 서 있는 쪽의 면은 태양 빛을 받는 낮이 된다. 달이 B 위치에 있을 때는 달이 29.5 일 중 반을 이동했으므로 약 15 일이 지난 후이다. 그때 사람이 서 있지 않은 쪽의 면만 햇빛을 받기 때문에 사람이 서 있는 쪽의 면은 밤이 된다. 달이 A 에서 C 로 이동했을 때, 달의 공전 주기인 29.5 일이 지났고, 그 사이에 밤이 있으므로 약 15 일이 답이 된다. 이렇게 사람이 서 있는 달의 뒤쪽 면은 약 15 일을 주기로 낮과 밤이 반복된다.

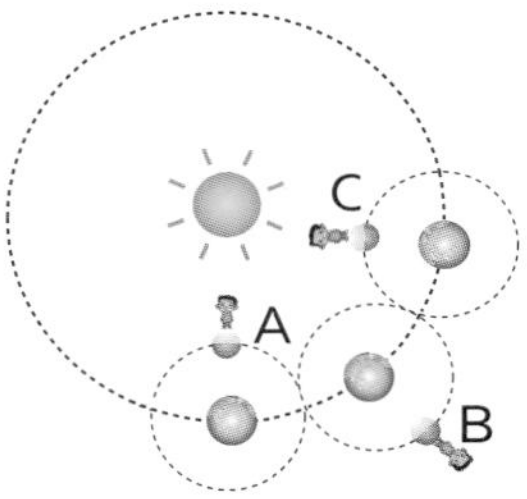

문 12
P. 128

문항 분석 및 평가표

⟶ 문항 분석 : 습도는 공기 중에 포함된 수증기 양을 나타냅니다. 건습구 온도계를 사용하여 건구 온도계와 습구 온도계의 온도 차이 값을 알면 습도표를 보고 상대적인 습도를 알 수 있습니다. 습도표는 건습구 온도계를 이용해 온도를 여러 번 측정하여 상대적인 습도를 % 로 표현하여 정리해 놓은 표입니다. 습도표에서 습구 온도와 건구, 습구 온도 차이의 값이 만나는 곳의 숫자가 상대적인 습도를 나타냅니다.

⟶ 평가표 : (1) 채점 기준

이유를 맞게 쓴 경우	5 점

(2) 채점 기준

방법을 1 가지 쓴 경우	4 점
방법을 2 가지 이상 쓴 경우	5 점

(1) + (2) 총합계	10 점

정답 및 해설

⟶ 정답 : (1) 습구 온도계의 구부를 젖은 헝겊으로 감싼 뒤 헝겊이 물에 닿을 정도로만 넣어주면 헝겊에서 물이 증발한다. 증발이 일어날 때 주위의 열을 흡수하므로 습구 온도계의 온도가 내려간다. 현재 공기가 건조할수록 습구 온도계의 구부에서 증발이 잘 일어나고 온도가 더 많이 내려가므로 건구 온도와 습구 온도의 온도 차이가 크다. 습도표를 보면 온도 차이가 클수록 불쾌지수가 낮다.

(2) 상대 습도 : 86

① 보일러를 튼다.

② 난방기를 튼다.

③ 제습기를 켠다.

④ 숯을 방에 둔다.

⑤ 페트병에 굵은 소금을 담아서 방 구석구석에 놓는다.

⟶ 해설 : (1) 건습구 온도계에서 건구 온도계는 현재의 온도를 측정하고, 습구 온도계는 구부를 감싼 헝겊에서 물이 증발하는 정도로 온도가 측정된다. 습구 온도계의 경우 헝겊에서 물이 증발하면서 주위의 열을 흡수하므로 온도계의 온도가 내려간다. 따라서 측정한 건구 온도와 습구 온도계의 온도 차이 값을 알면 습도표를 보고 현재의 상대적인 습도를 알 수 있다.

– 현재 습도 낮음 → 증발이 많이 일어남 → 습구 온도가 내려감 → 건습구 온도 차이 커짐 → 습도 낮음
– 현재 습도 높음 → 증발이 적게 일어남 → 습구 온도가 조금 내려감 → 건습구 온도 차이 작음 → 습도 높음

습구 온도 (°C)	건구 온도와 습구 온도의 차(°C)										
	0	1	2	3	4	5	6	7	8	9	10
19	100	91	83	76	69	62	57	51	47	42	38
20	100	91	83	76	69	63	58	52	48	43	39
21	100	92	84	77	70	64	58	53	49	44	40
22	100	92	84	77	71	65	59	54	50	45	41
23	100	92	84	78	71	65	60	55	51	46	42
24	100	92	85	78	72	66	61	56	51	47	43
25	100	92	85	78	72	67	62	57	52	48	44
26	100	92	85	79	73	67	62	57	53	49	45
27	100	92	86	79	73	68	63	58	54	50	46
28	100	93	86	80	74	68	63	59	55	51	47
29	100	93	86	80	74	69	64	60	55	51	48
30	100	93	86	80	75	69	65	60	56	52	48

▲ 습도표

(2) 현재 온도가 31 ˚C 이고, 무한이가 본 건습구 온도계의 온도 차가 2 ˚C 라면 건구 온도는 29 ˚C 이다. 따라서 습도표에서 세로 값의 29 와 가로 값의 2 가 만나는 지점인 86 이 상대 습도가 된다. 따라서 불쾌지수를 낮추기 위해서는 습도를 낮춰야 한다. 습도를 낮출 수 있는 방법은 현재의 온도를 올리거나 공기 중의 수증기를 제거하는 방법이 있다.

점수에 따른 성취도 등급

등급	1등급	2등급	3등급	4등급	5등급	총점
평가	81 점 이상	61 점 이상 ~ 80 점 이하	41 점 이상 ~ 60 점 이하	21 점 이상 ~ 40 점 이하	20 점 이하	114 점
성취도	영재성을 나타내는 성적으로영재교육원 합격권입니다.	상위권 성적으로 영재교육원 합격권입니다.	우수한 성적으로 약간만 노력하면 영재교육원에 갈 수 있습니다.	올해 영재교육원에 가길 원한다면 열심히 노력해야 합니다.	내년 목표로 꾸준하게 영재교육원 대비를 해야 합니다.	

4 심층 면접

총 8 문제입니다. 문제 배점은 각 문항별 평가표를 참고하면 됩니다. / 단원 말미에서 성취도 등급을 확인하세요.

문 13
P. 130

문항 분석 및 평가표

⟶ 문항 분석 : 영재교육원에서 무엇을 배우는지 미리 알아보고 자신에게 흥미로운 부분을 찾아 말하거나 더 배우고 싶은 내용을 말할 수 있으면 좋습니다.

⟶ 평가표 :

글의 주제에 맞게 자신의 생각을 말하고, 그렇게 생각한 이유를 적절하게 쓴 경우	4 점

출제자 예시 답안

⟶ [먹이를 줘야 한다.]

- 동물의 생명도 소중합니다. 길고양이들이 굶어 죽거나 말라 있는 모습을 보고만 있을 수 없으므로 먹이를 줘야 합니다. 고양이에게 먹이를 어느 정도 준다면 배가 고파서 주변의 쓰레기봉투를 뒤져 더러워지는 일도 줄어들 것입니다.
- 봉사활동은 큰 의미가 있는 활동만이 아니라 우리 주변에 마르고 힘이 없는 고양이들을 보면 먹이를 주면서 도와주는 것부터 시작할 수 있습니다.

[먹이를 주지 말아야 한다.]

- 길고양이들이 불쌍하면 자신들의 집에서 키우거나 직접 책임을 져야 합니다. 길고양이에게 먹이를 제공해서 고양이들의 수가 계속 늘어나게만 하는 것은 무책임하므로 책임질 수 없다면 먹이를 줘서는 안 됩니다.
- 길고양이들에게 먹이를 주는 것은 직접 고양이를 책임지기는 싫고 의무감이나 감정적으로만 책임지려고 하는 것 같아서 먹이를 주는 것에 반대하는 입장에 가깝습니다.

문 14
P. 130

문항 분석 및 평가표

⟶ 문항 분석 : 자신의 성향에 따라 나에게 맞는 방법을 선택하고, 그 방법을 선택한 이유를 적절하게 설명할 수 있으면 됩니다.

⟶ 평가표 :

자신의 생각과 그렇게 생각한 이유를 적절하게 쓴 경우	4 점

출제자 예시 답안

⟶ - 친구들과 함께 하면 부담이 적어지므로 내가 맡은 부분에서 잘할 수 있으므로 함께 하는 것이 더 좋습니다.

- 친구들과 함께 준비하고 발표하면 다양한 생각을 할 수 있어서 탐구 내용에 쓸 내용이 많아지므로 함께 하는 것이 더 좋습니다.
- 혼자하면 하나의 탐구 내용에 대해 깊이 생각해 볼 수 있고, 의견 충돌이 없어서 다툴 우려가 없기 때문에 혼자 하는 것이 더 좋습니다.
- 혼자하면 처음부터 끝까지 혼자 한 결과물이기 때문에 모두 자신이 책임을 지는 대신에 더 뿌듯하고 알게 되는 내용도 많아지므로 혼자 하는 것이 더 좋습니다.

문 15
P. 131

문항 분석 및 평가표

⟶ 문항 분석 : 일상생활에서 앉은뱅이저울, 자동 전자 저울, 체중계 등을 사용하여 무게를 재는 경우를 떠올려 답해 봅시다.

→ 평가표 :

1 가지 쓴 경우	3 점
2 가지 쓴 경우	4 점
3 가지 이상 쓴 경우	5 점

출제자 예시 답안

→ ① 몸무게를 잰다.
② 비행기를 타기 전에 짐의 무게를 잰다.
③ 요리할 때 넣어줄 재료의 양을 정할 때, 무게를 잰다.
④ 트럭에 실을 수 있는 짐의 무게를 잰다.
⑤ 고기를 얼마나 살건지 정할 때 고기의 무게를 잰다.
⑥ 태권도나 유도 시합에 나갈 때 체급을 나누기 위해 몸무게를 잰다.

문 16 P. 132

문항 분석 및 평가표

→ 문항 분석 : 식물은 광합성을 하여 양분과 에너지를 얻는데, 바오바브나무는 광합성을 할 때, 물을 아주 조금 사용하고 기공도 아주 조금 열립니다. 건조한 기후에 적응하기 위해 모든 활동을 최소화시켜 '천천히, 오래' 자랍니다. 동화 '어린 왕자' 에서 어린 왕자는 매일 열심히 바오바브나무의 뿌리를 뽑았습니다. 뿌리를 뽑지 않고 그냥 두면 바오바브나무의 뿌리가 별을 온통 집어삼켜 버리기 때문입니다. 이처럼 바오바브나무는 건조한 땅에서 물을 얻기 위해 크고 튼튼한 뿌리를 지니고 있습니다. 보통 키는 20 m 인데, 뿌리의 깊이는 키보다 2 배 정도 깊은 40 m 입니다.

→ 평가표 :

답을 맞게 쓴 경우	5 점

출제자 예시 답안

→ ① 키가 크고 줄기가 매우 굵어서 그 안에 많은 물을 저장한다.
② 건조한 땅에서 물을 얻기 위해 키의 높이보다 깊은 튼튼한 뿌리를 가지고 있다.

문 17 P. 133

문항 분석 및 평가표

→ 문항 분석 : 주어진 상황을 파악하고, 어떤 방법으로 해결하면 좋을지 자유롭게 생각해 봅시다.

→ 평가표 :

주어진 문제의 상황을 해결할 수 있는 답을 쓴 경우	5 점

출제자 예시 답안

→ – 거짓말을 했을 때 불편한 마음을 다시는 느끼지 않기 위해 앞으로 거짓말을 하지 않아야 합니다.
– 캡처해서 올린 사진처럼 잘 찍을 수 있도록 앞으로 사진을 많이 찍어야 합니다.
– 사실 내가 찍은 게 아니라고 사실대로 말하고 사과해야 합니다.

문 18 P. 134

문항 분석 및 평가표

→ 문항 분석 : 우유 배달원으로서 할 수 있는 일을 답으로 제시해야 합니다.

→ 평가표 :

우유 배달원으로서 이웃을 도울 수 있는 창의적인 방법을 쓴 경우	6 점

출제자 예시 답안

→ - 힘든 일이 있는 이웃 사람들에게 기분이 좋아지는 말을 직접 쓴 포스트잇을 우유에 붙여서 배달하는 방법이 있습니다.
- 우유를 받는 어르신들에게 한 달에 한 번씩 전화 안부를 묻는 방법이 있습니다. 우유가 잘 배달되는지, 혹시 상한 우유가 배달되지는 않았는지 꼼꼼히 물어보면서 건강 상태를 체크하며 몸이 편찮으신 어르신들을 도울 수 있습니다.

문 19

P. 135

문항 분석 및 평가표

→ 문항 분석 : 내가 준영이의 친구라면 어떻게 할지 방법을 떠올려 봅시다.

→ 평가표 :

준영이의 태도를 바꿔줄 수 있는 방법을 적절하게 쓴 경우	5 점

출제자 예시 답안

→ - 준영이와 팀을 이뤄서 할 수 있는 놀이를 자주 하면서 협력해서 하면 더 좋은 결과가 나올 수 있다는 것을 경험하게 해주면 됩니다.
- 같이 실험을 하면 어떤 점이 좋은지 말해줍니다.

문 20

P. 135

문항 분석 및 평가표

→ 문항 분석 : 길고양이에게 먹이를 주는 것에 대해 생각해 보고, 어떻게 행동하는 것이 더 적절하다고 생각하는지 나의 의견을 말해 봅시다. 의견을 말할 때에는 그렇게 생각하는 이유도 함께 말해야 합니다.

→ 평가표 :

글의 주제에 맞게 자신의 생각을 말하고, 그렇게 생각한 이유를 적절하게 쓴 경우	6 점

출제자 예시 답안

→ [먹이를 줘야 한다.]
- 동물의 생명도 소중합니다. 길고양이들이 굶어 죽거나 말라 있는 모습을 보고만 있을 수 없으므로 먹이를 줘야 합니다. 고양이에게 먹이를 어느 정도 준다면 배가 고파서 주변의 쓰레기 봉투를 뒤져 더러워지는 일도 줄어들 것입니다.
- 봉사활동은 큰 의미가 있는 활동만이 아니라 우리 주변에 마르고 힘이 없는 고양이들을 보면 먹이를 주면서 도와주는 것부터 시작할 수 있습니다.

[먹이를 주지 말아야 한다.]
- 길고양이들이 불쌍하면 자신들의 집에서 키우거나 직접 책임을 져야 합니다. 길고양이에게 먹이를 제공해서 고양이들의 수가 계속 늘어나게만 하는 것은 무책임하므로 책임질 수 없다면 먹이를 줘서는 안 됩니다.
- 길고양이들에게 먹이를 주는 것은 직접 고양이를 책임지기는 싫고 의무감이나 감정적으로만 책임지려고 하는 것 같아서 먹이를 주는 것에 반대합니다.

점수에 따른 성취도 등급

등급	상	중	하	총점
평가	21 점 이상	11 점 이상~ 20 점 이하	10 점 이하	40 점
성취도	면접태도가 우수하고 사고 방식이 매우 긍정적입니다.	면접태도와 사고 방식이 또래 아이들에 비해 우수합니다.	계획적으로 면접태도와 사고 방식을 바꿔나갈 필요가 있습니다.	

5 마무리하기

· 아래의 표를 채우고 스스로 평가해 봅시다.

정리하기

단원	일반 창의성	언어 추리 논리	과학 창의성	창의적 문제해결력	STEAM (융합 문제)
점수					
등급					

· 총 점수 : / 670 점

· 평균 등급 :

전체 점수 성취도 등급

등급	1등급	2등급	3등급	4등급	5등급	총점
평가	536 점 이상	402 점 이상 ~ 535 점 이하	268 점 이상 ~ 401 점 이하	134 점 이상 ~ 267 점 이하	133 점 이하	670 점
	대단히 우수, 영재 교육 절대 필요함	영재성이 있고 우수, 전문가와 상담 요망	영재성 교육을 하면 잠재능력 발휘할 수 있음	영재성을 길러주면 발전될 가능성 있음	어떤 부분이 우수한지 정밀 검사 요망	

스스로 평가하기

· 자신이 자신있는 단원과 부족한 단원을 말해보고, 앞으로의 공부 계획을 세워봅시다.

창의력과학 세페이드 시리즈 – 창의력과학의 결정판

무한상상

1F 중등 기초
물리(상,하), 화학(상,하)

2F 중등 완성
물리(상,하), 화학(상,하),
생명과학(상,하), 지구과학(상,하)

3F 고등 I
물리(상,하), 물리 영재편(상,하), 화학(상,하), 생명과학(상,하), 지구과학(상,하)

4F 고등 II
물리(상,하), 화학(상,하),
생명과학(영재학교편,심화편),
지구과학(영재학교편)

5F 영재과학고 대비 파이널
물리, 화학,
생물, 지구과학

세페이드
모의고사

세페이드
고등 통합과학

창의력과학 아이앤아이 *I&I* 시리즈 – 특목고 대비 종합서

창의력 과학 아이앤아이 *I&I* 중등 물리(상,하)/화학(상,하)/생명과학(상,하)/지구과학(상,하)

영재교육원 대비
아이앤아이 꾸러미

영재교육원 대비
아이앤아이 꾸러미 120제 –수학 과학

창의력 과학 아이앤아이 *I&I* 초등 3~6

영재교육원 완벽 대비서

Ⅰ	영재교육원 소개	영재교육원은 어떤 곳이며, 영재교육원에 입학하기 위해 필요한 선발과정을 수록하였습니다.
Ⅱ	영재성 검사	일반 창의성, 언어/추리/논리, 수리논리, 공간/도형/퍼즐, 과학 창의성의 총 5 단계를 신유형 문제와 기출문제 위주로 구성하였습니다.
Ⅲ	창의적 문제해결력	지식, 개념 및 창의성을 강화시켜 주는 문제를 해당 학년 범위 내에서 기출문제/신유형 문제 위주로 구성하였습니다.
Ⅳ	STEAM / 심층면접	융합형 사고 기반 STEAM 문제와 심층면접에 대비하는 문제를 수록하였습니다.
Ⅴ	정답 및 해설 / 예시답안	각 문제에 대한 문항분석, 출제자 예시 답안, 해설을 하였고, 점수를 부여하여 스스로 평가할 수 있는 평가표를 제시하였습니다.

무한상상

무한상상

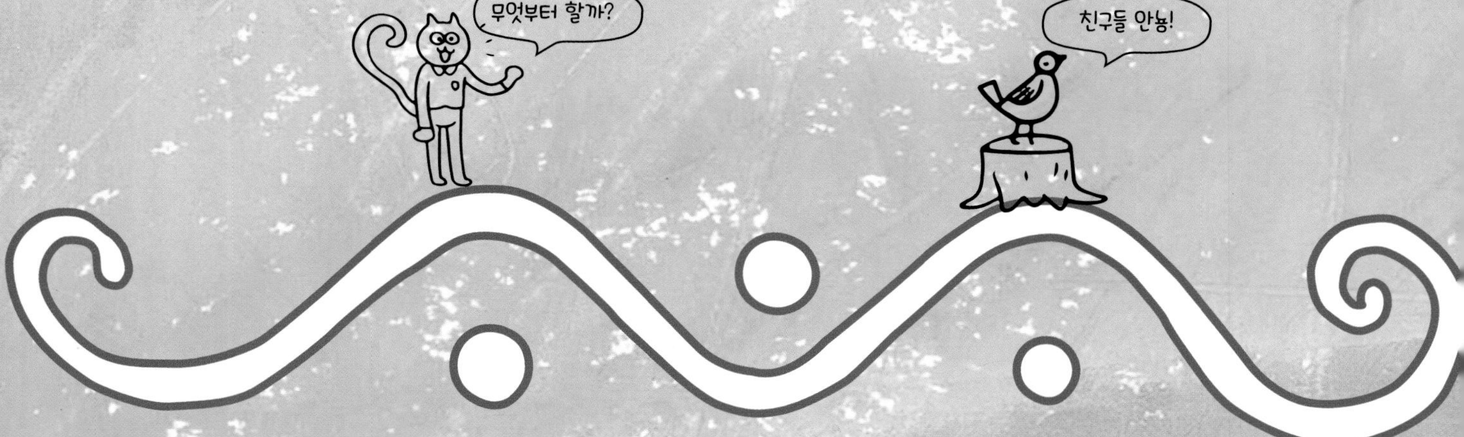